计算机网络协议服务研究

李 明◎著

吉林出版集团股份有限公司

图书在版编目（CIP）数据

计算机网络协议服务研究 / 李明著. -- 长春 ：吉林出版集团股份有限公司，2024. 8. -- ISBN 978-7-5731-5857-4

Ⅰ. TN915.04

中国国家版本馆CIP数据核字第2024320MC6号

计算机网络协议服务研究

JISUANJI WANGLUO XIEYI FUWU YANJIU

著　者	李　明
责任编辑	张继玲
封面设计	林　吉
开　本	787mm×1092mm　　1/16
字　数	180 千
印　张	15
版　次	2024 年 8 月第 1 版
印　次	2024 年 8 月第 1 次印刷
出版发行	吉林出版集团股份有限公司
电　话	总编办：010-63109269
	发行部：010-63109269
印　刷	廊坊市广阳区九洲印刷厂

ISBN 978-7-5731-5857-4　　　　　　　　　　定价：78.00 元

前　言

随着信息技术的飞速发展，计算机网络已成为现代社会不可或缺的基础设施。计算机网络协议作为网络通信的基石，其重要性不言而喻。计算机网络协议是网络通信中不同计算机之间为了完成数据交换而必须共同遵守的一系列规则和约定。根据协议的作用范围，网络协议可以分为局域网协议、广域网协议和互联网协议等。其中，互联网协议（IP 协议，Internet Protocol）是网络协议的核心，负责将数据包从源头传输到目的地。此外，还有传输控制协议（TCP，Transmission Control Protocol）、用户数据报协议（UDP，User DatagramProtocol）等，它们共同构成了计算机网络通信的基础。

目前，主流的网络协议包括 IP 协议、TCP 协议、HTTP 协议（HyperText Transfer Protocol）等。这些协议已经相当成熟，具有高效性、可靠性和安全性等基本特点，能够满足多种不同的应用需求。然而，随着科技的快速发展，网络协议仍需不断优化和升级，以适应新的网络环境和应用场景。

本书旨在深入研究计算机网络协议服务，探讨其现状、发展趋势以及面临的挑战，以期为相关领域的研究和实践提供有价值的参考。

本书在撰写过程中，参阅了相关文献资料，在此，谨向其作者深表谢忱。由于水平有限，加之时间仓促，书中难免存在一些不足和疏漏，敬请广大读者批评指正。

李　明

2024 年 3 月

目　录

第一章　计算机网络协议基础 1

　第一节　网络协议的概念与重要性 1

　第二节　协议层次结构与 OSI 模型 9

　第三节　TCP/IP 协议族概述 18

　第四节　网络协议的设计与标准化 26

第二章　物理层协议 35

　第一节　物理层的功能与特性 35

　第二节　传输介质与接口标准 44

　第三节　数据编码与调制技术 53

　第四节　物理层协议实践分析 63

第三章　数据链路层协议 71

　第一节　数据链路层的功能与结构 71

　第二节　差错控制与流量控制 79

　第三节　数据链路层协议分类 87

第四章　网络层协议 96

　第一节　网络层的功能与任务 96

　第二节　路由选择与分组转发 102

　第三节　IPv4 与 IPv6 协议 110

　第四节　网络层协议优化技术 119

第五章　传输层协议 128

　第一节　传输层的功能与服务 128

　第二节　TCP 协议原理与机制 136

　第三节　UDP 协议原理与特点 145

　第四节　传输层协议优化策略 152

第六章　应用层协议 159

　第一节　应用层协议的作用与分类 159

　第二节　HTTP 协议原理与应用 168

　第三节　FTP、SMTP 与 POP3 协议 177

　第四节　DNS 与 DHCP 协议 185

　第五节　应用层协议的安全性考虑 193

　第六节　应用层协议的性能优化 202

第七章　无线网络协议 209

　第一节　无线网络协议概述 209

　第二节　Wi—Fi 技术与协议 216

　第三节　蓝牙技术与协议 225

参考文献 232

第一章　计算机网络协议基础

第一节　网络协议的概念与重要性

一、网络协议的定义

（一）网络通信的基础

网络协议是网络中进行信息交换必须遵守的规则与标准。简而言之，它是计算机网络中各节点之间通信时所采用的一组规则、标准或约定。这些规则规定了信息的格式、如何发送、如何接收以及如何响应，以确保数据能够在复杂的网络环境中准确、高效地传输。网络协议是网络通信的基础，没有它，网络中的各种设备和系统将无法有效地相互沟通和协作。

（二）协议层次结构

网络协议通常被组织成层次结构，每一层都负责特定的通信任务。这种层次结构使得网络协议的设计更加模块化，易于理解和实现。常见的网络协议层次结构包括物理层、数据链路层、网络层、传输层和应用层。每一层都依赖于其下一层提供的服务，并为其上一层提供服务。通过这种层次化的结构，网络协议能够高效地处理各种复杂的网络通信任务。

（三）协议的标准化

网络协议的标准化是网络通信得以广泛实现和互操作的关键。通过制定统一的网络协议标准，不同厂商生产的设备可以相互通信，不同网络之间的数据可以互相传输。这使得网络通信变得更加开放、灵活和可扩展。网络协议的标准化工作通常由国际标准化组织［如 ISO（International Organization for Standardization，国际标准化组织）、IETF（Internet Engineering Task Force，国际互联网工程任务组）等］负责，它们制定了一系列的网络协议标准，如 TCP/IP 协议族（TCP/IP Protocol Suite 或 TCP/IP Protocols，互联网协议族）、HTTP 协议（Hypertext Transfer Protocol，超文本传输协议）、SMTP 协议（Simple Mail Transfer Protoco，简单邮件传输协议）等。

（四）协议的应用领域

网络协议的应用领域非常广泛，几乎涵盖了所有需要使用网络通信的领域。在企业中，网络协议用于实现内部网络的通信和资源共享；在互联网上，网络协议用于实现各种网络应用的数据传输和服务；在物联网领域，网络协议用于实现设备之间的互联和智能控制。此外，网络协议还在远程教育、远程医疗、电子商务等领域发挥着重要作用。这些应用领域都需要高效、可靠的网络协议来支持它们的数据传输和服务需求。

网络协议是计算机网络中不可或缺的组成部分。它通过定义一系列规则和标准，确保数据在复杂的网络环境中能够准确、高效地传输。同时，网络协议的标准化和层次化结构使得网络通信变得更加开放、灵活和可扩展。因此，深入理解和掌握网络协议的概念和原理对于计算机网络的学习和应用具有重要意义。

二、网络协议的作用

(一) 确保通信的规范性和一致性

网络协议的首要作用是确保通信的规范性和一致性。在网络通信中，不同设备、不同系统之间的数据交换必须遵循一定的规则和标准，以确保信息能够被正确地识别、解析和传递。网络协议详细规定了数据的格式、编码方式、传输顺序、控制信息等，使得不同设备之间可以遵循相同的规则进行通信，从而保证了通信的规范性和一致性。这种规范性和一致性对于网络通信的可靠性和稳定性至关重要，避免了因通信规则不一致而导致的通信失败或数据丢失等问题。

(二) 提高通信效率和可靠性

网络协议通过优化数据传输机制、降低传输错误率、提高传输速度等方式，提高了网络通信的效率和可靠性。例如，TCP/IP 协议族中的 TCP 协议（Transmission Control Protocol，传输控制协议）通过确认应答、超时重传、流量控制等机制，保证了数据的可靠传输；而 UDP 协议（User DatagramProtocol，用户数据报协议）则采用无连接的方式，适用于对实时性要求较高的应用，如视频传输、语音通话等。此外，网络协议还通过路由选择、拥塞控制等机制，优化了数据传输路径和流量分配，提高了网络通信的效率和可靠性。

(三) 支持多种网络应用和服务

网络协议为各种网络应用和服务提供了基础支持。不同的网络应用和服务需要不同的网络协议来支持其数据传输和交互。例如，HTTP 协议是支持 Web 浏览器和 Web 服务器之间通信的基础协议，它定义了浏览器如何向服务器请求数据、服务器如何响应请求等规则；FTP 协议（File Transfer Protocol，文件传输协议）则用于文件传输服务，支持文件的上传和下载；SMTP 协议用于电子邮件的发送，POP3（Post Office Protocol-Version 3，邮局协议版本 3）和 IMAP 协议（Internet Message AccessProtocol，因特网信息访问协议）则用于电子邮件的接收。这些网络协议的存在使得各种网络应用和服务得以实现，并为用户提供了丰富的网络体验。

（四）保障网络安全和数据隐私

随着网络技术的发展，网络安全和数据隐私保护问题越来越受到关注。网络协议在保障网络安全和数据隐私方面发挥着重要作用。通过加密、身份验证、访问控制等机制，网络协议可以确保数据在传输过程中的机密性、完整性和可用性。例如，SSL（Secure Socket Layer，安全套接字层）/TLS 协议（Transport Layer Security，传输层安全性协议）通过加密技术保护数据在传输过程中的安全；IPSec 协议（Internet Protocol Security，互联网协议安全性）则提供了网络层的安全保障，包括数据包的加密、身份验证等；VPN 技术（Virtual Private Network，虚拟专网）则通过虚拟专用网络的方式，实现了对数据传输的加密和封装，进一步保障了数据的安全性和隐私性。这些网络协议的存在和应用，为用户提供了更加安全、可靠的网络环境。

三、网络协议的分类

（一）基于通信层次的分类

网络协议按照通信层次可以分为物理层协议、数据链路层协议、网络层协议、传输层协议和应用层协议。

1. 物理层协议：物理层协议定义了数据传输的物理介质、电气特性、机械特性等，确保比特流在物理介质上的传输。例如，Ethernet（以太网）协议规定了网络中的电缆、集线器、中继器等物理设备如何连接和传输数据。

2. 数据链路层协议：数据链路层协议负责在相邻节点之间无差错的传送数据帧，并进行流量控制和差错控制。常见的数据链路层协议有 SDLC（Synchronous Data Link Control，同步数据链路控制）、HDLC（High-level Data Link Control，高级数据链路控制）和 PPP（Point to Point Protocol，点对点协议）等。这些协议通过帧同步、帧定界、差错控制等机制，确保数据在物理链路上的可靠传输。

3. 网络层协议：网络层协议负责将数据从源地址发送到目的地址，并选择最佳路径进行传输。IP（Internet Protocol，互联网协议）是网络层的核心协议，它定义了网络地址的分配、数据包的格式以及路由选择等机制。此外，ICMP（Internet Control Message Protocol，互联网控制消息协议）、IGMP（Internet Group Management Protocol，互联网组管理协议）等也是网络层的重要协议。

4. 传输层协议：传输层协议负责在源端和目的端之间建立、维护和终止会话，并确保数据的可靠传输。TCP 和 UDP 是传输层最常用的两种协议。TCP 提供面向连接的、可靠的数据传输服务，而 UDP 则提供无连接的、不可靠的数据传输服务。

5. 应用层协议：应用层协议定义了不同网络应用之间的通信规则和数据格式。常见的应用层协议有 HTTP、FTP、SMTP、POP3 等。这些协议规定了客户端和服务器之间如何进行数据交换、请求和响应等操作。

（二）基于协议用途的分类

网络协议按照用途可以分为通信协议、路由协议、安全协议等。

1. 通信协议：通信协议用于在网络中进行数据传输和通信，如 TCP/IP 协议族中的 TCP 和 IP 协议。

2. 路由协议：路由协议用于在网络中选择最佳路径进行数据传输，如 OSPF（Open Shortest Path First，开放最短路径优先）、BGP（Border Gateway Protocol，边界网关协议）等。这些协议根据网络拓扑结构和流量情况，计算出最优的路由路径，确保数据能够快速、准确地到达目的地址。

3. 安全协议：安全协议用于保障网络通信的安全性和数据隐私，如 SSL/TLS 协议、IPSec 等。这些协议通过加密、身份验证、访问控制等机制，确保数据在传输过程中的机密性、完整性和可用性。

（三）基于协议设计思路的分类

网络协议按照设计思路可以分为面向连接的协议和无连接的协议。

1. 面向连接的协议：面向连接的协议在数据传输之前需要建立连接，并在数据传输完成后释放连接。这种协议能够提供可靠的数据传输服务，确保数据在传输过程中不会丢失或乱序。TCP 协议就是典型的面向连接的协议。

2. 无连接的协议：无连接的协议在数据传输之前不需要建立连接，每个数据包都是独立传输的。这种协议适用于对实时性要求较高的应用场景，如视频传输、语音通话等。UDP 协议就是典型的无连接的协议。

（四）基于协议标准化组织的分类

网络协议按照制定其的标准化组织可以分为国际标准协议、国家标准协议、行业标准协议等。

1. 国际标准协议：国际标准协议是由国际标准化组织（如 ISO、IETF 等）制定的全球通用的网络协议。这些协议具有广泛的适用性和互操作性，如 TCP/IP 协议族、HTTP 协议等。

2. 国家标准协议：国家标准协议是由各国政府或标准化组织制定的适用于本国的网络协议。这些协议通常具有本国特色和需求，如中国的 CNNIC（China Internet Network Information Center，中国互联网络信息中心）制定的相关网络协议。

3. 行业标准协议：行业标准协议是由特定行业或组织制定的适用于该行业的网络协议。这些协议通常具有行业特点和需求，如金融行业的 SWIFT 协议（Society for Worldwide Interbank Financial Telecommunication，国际资金清算系统）、电信行业的 SIP 协议（Session initialization Protocol，会话初始协议）等。

四、网络协议的重要性

（一）实现网络通信的基础

网络协议是实现网络通信的基础。在网络中，不同的设备、不同的系统需要相互通信以共享信息和资源。然而，由于各种设备和系统的硬件、操作系统、编程语言等存在差异，直接进行通信是不现实的。网络协议的出现解决了这个问题，它定义了一套统一的规则和标准，使得不同设备和系统之间可以按照相同的规则进行通信。通过遵循网络协议，设备和系统能够正确地识别、解析和传递数据，实现信息的有效传输。因此，网络协议是实现网络通信的基础，没有网络协议，网络通信将无法实现。

（二）保障网络通信的可靠性和稳定性

网络协议通过定义一系列的数据传输、差错控制、流量控制等机制，保障了网络通信的可靠性和稳定性。在网络通信过程中，存在着各种因素的影响，如网络拥塞、设备故障、噪声干扰等，都可能导致数据传输的失败或错误。然而，通过遵循网络协议，设备和系统能够采取相应的措施来应对这些问题，确保数据的可靠传输。例如，TCP 协议通过确认应答、超时重传、流量控制等机制，确保了数据的可靠传输；而 UDP 协议虽然不提供可靠传输服务，但其无连接的特性使得数据能够实时地传输到目的端。此外，网络协议还通过路由选择、拥塞控制等机制，优化了数据传输路径和流量分配，进一步保障了网络通信的可靠性和稳定性。

（三）促进网络技术的发展和创新

网络协议的不断发展和创新是推动网络技术进步的重要动力。随着网络技术的不断发展，新的应用场景和需求不断涌现，这对网络协议提出了更高的要求。为了满足这些需求，网络协议需要不断地进行更新和改进。例如，随着云计算、大数据、物联网等技术的不断发展，网络协议需要支持更大的数据传输量、更高的传输速度和更低的传输延迟。此外，随着网络安全问题的日益突出，网络协议也需要加强安全性能的设计和实现。因此，网络协议的不断发展和创新对于推动网络技术的进步具有重要意义。

（四）推动全球信息化进程

网络协议对于推动全球信息化进程具有重要作用。在全球信息化时代，信息已经成为一种重要的资源和财富。网络协议通过实现不同设备和系统之间的互联互通，使得信息能够在全球范围内自由流通和共享。这极大地促进了信息的传播和利用，推动了全球信息化进程的发展。同时，网络协议也为各种网络应用和服务提供了基础支持，如电子商务、远程教育、远程医疗等。这些网络应用和服务的发展不仅丰富了人们的生活方式，也提高了社会生产力和经济效益。因此，网络协议在推动全球信息化进程中发挥着不可替代的作用。

综上所述，网络协议在实现网络通信、保障网络通信的可靠性和稳定性、促进网络技术的发展和创新以及推动全球信息化进程等方面都具有重要作用。因此，我们应该充分认识到网络协议的重要性，并加强对网络协议的学习和研究。

第二节　协议层次结构与 OSI 模型

一、协议层次结构的概念

（一）概念定义与背景

协议层次结构是网络通信中至关重要的一个概念，它指的是将复杂的网络通信过程分解为若干个相对独立的层次或模块，每个层次或模块负责完成特定的功能和任务，并通过定义的接口与其他层次或模块进行交互。这种层次结构的设计有助于提高网络通信的效率和可靠性，并使得网络通信系统的开发、维护和管理更加便捷。

OSI（Open Systems Interconnection，开放系统互联）模型是协议层次结构的典型代表，它由国际标准化组织 ISO 提出，旨在提供一个标准化的网络通信框架。OSI 模型将网络通信过程划分为七个层次，每个层次都有其特定的功能和协议。这种层次结构的设计使得网络通信过程更加清晰、有序，并且便于实现各种网络服务和应用。

（二）层次结构的特点

1.层次独立性：各层次之间相对独立，每个层次只与相邻的层次进行交互，而不关心其他层次的具体实现。这种独立性使得每个层次都可以独立地进行设计、开发和测试，从而提高了整个系统的开发效率。

2.功能明确性：每个层次都有其特定的功能和任务，这些功能和任务在层次结构中被清晰地定义和划分。这种功能明确性使得网络通信过程更加有序，并且便于实现各种网络服务和应用。

3.接口标准化：各层次之间通过标准化的接口进行交互，这些接口定义了相邻层次之间的通信规则和数据格式。这种接口标准化使得不同厂商的设备和系统可以相互连接和通信，从而促进了网络通信的普及和发展。

（三）层次结构的作用

1.提高通信效率：通过将网络通信过程分解为若干个相对独立的层次或模块，每个层次或模块都可以独立地处理其特定的功能和任务，从而提高了通信效率。

2.降低复杂性：层次结构的设计使得网络通信过程更加清晰、有序，降低了系统的复杂性。这使得网络通信系统的开发、维护和管理更加便捷。

3.易于扩展和升级：由于各层次之间相对独立，因此可以单独对某个层次进行扩展和升级，而不需要对整个系统进行修改。这种灵活性使得网络通信系统能够更好地适应不断变化的网络环境和技术需求。

（四）OSI 模型与协议层次结构的关系

OSI 模型是协议层次结构的典型代表，它将网络通信过程划分为七个层次：物理层、数据链路层、网络层、传输层、会话层、表示层和应用层。每个层次都有其特定的功能和协议，并通过标准化的接口与其他层次进行交互。OSI 模型为网络通信提供了一个标准化的框架和参考模型，使得不同厂商和设备可以遵循相同的规则和标准进行通信。同时，OSI 模型也为网络通信系统的开发、维护和管理提供了指导和支持。

总之，协议层次结构是网络通信中不可或缺的一个概念，它通过将网络通信过程分解为若干个相对独立的层次或模块，提高了通信效率和可靠性，并使得网络通信系统的开发、维护和管理更加便捷。OSI 模型作为协议层次结构的典型代表，为网络通信的发展和应用提供了重要的支持和指导。

二、OSI 七层模型详解

（一）OSI 七层模型概述

OSI 七层模型是 ISO 在 1984 年提出的一个网络通信框架，用于描述网络系统中的数据传输过程。它将网络通信功能划分为七个层次，每个层次都有其特定的功能和任务，通过标准化的接口与相邻层次进行交互。OSI 七层模型不仅为网络通信提供了标准化的框架，还为网络通信系统的开发、维护和管理提供了指导。

1.物理层：物理层是 OSI 模型的最底层，主要负责传输原始的比特流（0和1）。它定义了传输介质、设备、接口以及信号传输的方式等。物理层的主要功能包括数据编码、传输介质的选择、信号同步等。

2.数据链路层：数据链路层在物理层之上，负责将数据封装成帧进行传输，并处理差错控制和流量控制等问题。它通过物理地址（如 MAC 地址）进行数据传输，确保数据在物理层上的可靠传输。数据链路层的主要协议包括以太网、令牌环网等。

3. 网络层：网络层在数据链路层之上，负责将数据包从源地址路由到目的地址。它实现了网络互连、路由选择、拥塞控制等功能。网络层的主要协议包括 IP、ICMP、IGMP 等。其中，IP 协议是网络层的核心协议，它定义了数据包的格式和地址方式。

4. 传输层：传输层在网络层之上，负责端到端的数据传输。它提供了可靠的数据传输服务（如 TCP）和不可靠的数据传输服务（如 UDP）。传输层的主要功能包括数据分割、重组、流量控制、差错控制等。

5. 会话层：会话层在传输层之上，负责建立、管理和终止会话。它提供了同步和会话管理等功能，确保应用程序之间的正常通信。会话层的主要协议包括 RPC（Remote Procedure Call，远程过程调用）、SQL（Structured Query Language，结构化查询语言）等。

6. 表示层：表示层在会话层之上，负责数据的表示、编码和转换。它确保数据在发送方和接收方之间的正确表示和传输。表示层的主要功能包括数据格式转换、数据加密、数据压缩等。

7. 应用层：应用层是 OSI 模型的最高层，直接为用户提供各种网络应用程序和服务。它提供了电子邮件、文件传输、远程登录等各种应用协议。应用层的主要协议包括 HTTP、FTP、SMTP、POP3 等。

（二）OSI 七层模型的特点

1. 分层结构：OSI 七层模型采用分层结构，将复杂的网络通信过程分解为若干个相对独立的层次，每个层次都有其特定的功能和协议。这种分层结构使得网络通信过程更加清晰、有序，并且便于实现各种网络服务和应用。

2. 标准化接口：OSI 七层模型通过标准化的接口定义了相邻层次之间的通信规则和数据格式。这种标准化接口使得不同厂商和设备可以相互连接和通信，从而促进了网络通信的普及和发展。

3. 灵活性：由于各层次之间相对独立，因此可以单独对某个层次进行扩展和升级，而不需要对整个系统进行修改。

（三）OSI 七层模型的作用

1. 提高通信效率：通过将网络通信过程分解为若干个相对独立的层次或模块，每个层次或模块都可以独立地处理其特定的功能和任务，从而提高了通信效率。

2. 降低复杂性：层次结构的设计使得网络通信过程更加清晰、有序，降低了系统的复杂性。这使得网络通信系统的开发、维护和管理更加便捷。

3. 易于扩展和升级：OSI 七层模型的分层结构使得系统可以方便地进行扩展和升级。当需要添加新功能或改进现有功能时，只需要修改或添加相应的层次即可，而不需要对整个系统进行重新设计。

（四）OSI 七层模型与实际应用

OSI 七层模型虽然是一个理论模型，但在实际应用中仍然具有指导意义。许多网络通信协议和系统都参考了 OSI 七层模型的设计思想。例如，TCP/IP 协议族就采用了与 OSI 七层模型类似的层次结构，但它将 OSI 七层模型中的某些层次进行了合并和简化。此外，许多网络设备（如路由器、交换机等）也根据 OSI 七层模型的不同层次提供了相应的功能和服务。

三、OSI 模型与实际应用的关系

（一）OSI 模型对实际应用的指导作用

OSI 模型作为网络通信的理论基础，为实际应用提供了清晰的层次结构和标准化的通信框架。在设计和实现网络通信系统时，OSI 模型可以帮助开发者理解网络通信的各个环节和过程，指导他们如何构建高效、可靠的网络通信应用。

1.层次结构的指导作用：OSI 模型将网络通信划分为七个层次，每个层次都有其特定的功能和协议。这种层次结构使得网络通信过程更加清晰、有序，开发者可以根据实际需求选择适合的层次和协议来实现特定的功能。

2.标准化的通信框架：OSI 模型通过定义标准化的接口和协议，实现了不同设备和系统之间的互操作性。这为实际应用提供了统一的通信标准，使得不同厂商的设备可以相互连接和通信，从而促进了网络通信的普及和发展。

（二）OSI 模型与现有网络通信协议的关系

在实际应用中，OSI 模型与现有的网络通信协议（如 TCP/IP 协议族）之间存在着紧密的关系。虽然 OSI 模型是一个理论模型，但它为网络通信协议的设计和实现提供了重要的参考和借鉴。

1.TCP/IP 协议族与 OSI 模型的对应关系：TCP/IP 协议族是目前使用最广泛的网络通信协议之一，它采用了与 OSI 模型类似的层次结构。具体来说，TCP/IP 协议族中的网络接口层对应 OSI 模型的物理层和数据链路层，网络层对应 OSI 模型的网络层，传输层对应 OSI 模型的传输层，而应用层则对应 OSI 模型的应用层、表示层和会话层。

2.借鉴与改进：TCP/IP 协议族在借鉴 OSI 模型的基础上，对其进行了简化和优化。例如，TCP/IP 协议族将 OSI 模型中的表示层和会话层合并为一个应用层，从而简化了层次结构。此外，TCP/IP 协议族还引入了一些新的协议和机制，如 IP 地址、端口号等，以更好地适应实际应用的需求。

（三）OSI 模型在现有网络设备和系统中的应用

OSI 模型不仅为网络通信协议的设计和实现提供了指导，还在现有网络设备和系统中得到了广泛应用。

1.路由器和交换机：路由器和交换机是网络中常用的设备，它们根据 OSI 模型的不同层次提供相应的功能和服务。例如，路由器主要工作在网络层，负责数据包的路由和转发；而交换机则主要工作在数据链路层，负责数据帧的转发和交换。

2.网络操作系统和应用程序：网络操作系统和应用程序也参考了 OSI 模型的设计思想。例如，Windows、Linux 等操作系统都提供了基于 OSI 模型的网络通信接口和协议栈；而电子邮件、文件传输等应用程序则利用这些接口和协议栈实现了数据的传输和共享。

（四）OSI 模型面临的挑战与未来发展

尽管 OSI 模型为网络通信提供了重要的指导和支持，但在实际应用中仍然面临一些挑战。随着网络技术的不断发展和创新，新的应用场景和需求不断涌现，这对 OSI 模型提出了更高的要求。

1.挑战与不足：OSI 模型在某些方面可能无法满足现有网络通信的需求。例如，随着云计算、大数据、物联网等技术的兴起，对网络通信的带宽、延迟、安全性等方面提出了更高的要求。而 OSI 模型在某些层次的功能和协议可能无法满足这些需求。

2.未来发展趋势：为了适应未来网络通信的需求和发展趋势，OSI 模型需要不断地进行更新和改进。例如，可以引入新的层次和协议来支持更高速的数据传输、更智能的网络管理和更安全的通信机制等。同时，还需要加强与其他技术的融合和集成，如云计算、大数据等，以推动网络通信技术的不断发展和创新。

四、OSI 模型的优势与局限性

（一）OSI 模型的优势

1.层次化结构清晰：OSI 模型通过将网络通信过程分解为七个层次，每个层次负责不同的功能和任务，使得整个网络通信过程变得更加清晰和有序。这种层次化结构有助于开发者理解和设计网络通信系统，提高了系统的可维护性和可扩展性。

2.标准化接口定义：OSI 模型在层次之间定义了标准化的接口和协议，使得不同厂商和设备可以相互连接和通信。这种标准化的接口和协议降低了设备间的兼容性问题，促进了网络通信的普及和发展。

3.灵活性和可扩展性：由于 OSI 模型各层次之间相对独立，因此可以单独对某个层次进行扩展和升级，而不需要对整个系统进行修改。

4.指导网络协议设计：OSI 模型为网络通信协议的设计提供了指导原则，使得开发者可以根据实际需求选择适合的层次和协议来实现特定的功能。这种指导原则有助于设计出更加高效、可靠的网络通信协议。

（二）OSI 模型的局限性

1.复杂性：OSI 模型虽然将网络通信过程分解为七个层次，但每个层次都有其特定的功能和协议，这在一定程度上增加了系统的复杂性。开发者需要熟悉每个层次的功能和协议，才能有效地设计和实现网络通信系统。

2. 难以实现完全标准化：尽管 OSI 模型定义了标准化的接口和协议，但在实际应用中，不同厂商和设备可能采用不同的实现方式和标准。这导致了设备间的兼容性问题，使得网络通信的互操作性受到限制。

3. 与实际应用的脱节：OSI 模型是一个理论模型，与实际应用存在一定的脱节。在实际应用中，许多网络通信协议并没有完全遵循 OSI 模型的层次结构，而是根据实际需求进行了简化和优化。这导致了 OSI 模型在指导实际应用时存在一定的局限性。

4. 缺乏对新技术的支持：随着网络技术的不断发展和创新，新的应用场景和需求不断涌现。然而，OSI 模型在设计之初并没有充分考虑到这些新技术和新需求，因此在支持新技术方面存在一定的局限性。例如，对于云计算、大数据、物联网等新兴技术，OSI 模型可能无法提供足够的支持和指导。

（三）OSI 模型在现代网络通信中的价值

尽管 OSI 模型存在一定的局限性，但它在现代网络通信中仍然具有一定的价值。首先，OSI 模型为网络通信提供了清晰、有序的层次化结构，有助于开发者理解和设计网络通信系统。其次，OSI 模型定义的标准化接口和协议为不同厂商和设备之间的互操作性提供了支持。最后，OSI 模型为网络通信协议的设计提供了指导原则，有助于设计出更加高效、可靠的网络通信协议。

（四）OSI 模型的未来发展方向

为了适应未来网络通信的需求和发展趋势，OSI 模型需要不断地进行更新和改进。首先，可以引入新的层次和协议来支持更高速的数据传输、更智能的网络管理和更安全的通信机制等。其次，需要加强与其他技术的融合和集成，如云计算、大数据等，以推动网络通信技术的不断发展和创新。最后，可以加强对新技术和新需求的支持，以更好地满足现代网络通信的需求。

第三节　TCP/IP 协议族概述

一、TCP/IP 协议族简介

（一）TCP/IP 协议族的基本概念

TCP/IP 协议族是一组用于互联网通信的协议集合，它涵盖了从物理层到应用层的网络通信各个方面。TCP/IP 协议族的核心是 TCP 和 IP，它们分别负责数据传输的可靠性和不同网络之间的通信。TCP/IP 协议族还包括了众多其他协议，如 HTTP、DNS（Domain Name System，域名系统）、FTP 等，这些协议共同构成了互联网通信的基础。

TCP/IP 协议族的设计理念是开放性和标准化，它不受单一公司的控制，因此可以轻松地与各种操作系统和硬件平台兼容。这种开放性和标准化的特点使得 TCP/IP 协议族成为了全球互联网通信的主流协议。

（二）TCP/IP 协议族的层次结构

TCP/IP 协议族采用了四层的层次结构，分别是应用层、传输层、网络层和链路层。每个层次都有其特定的功能和任务，并通过标准化的接口与相邻层次进行交互。

1.应用层：应用层是 TCP/IP 协议族的最顶层，它直接面向用户和网络应用程序。应用层协议包括 HTTP、FTP、SMTP、POP3 等，它们负责处理网络应用程序之间的数据交换。

2. 传输层：传输层位于应用层和网络层之间，负责为应用程序提供端到端的通信服务。传输层的主要协议有 TCP 和 UDP。TCP 提供可靠的数据传输服务，确保数据的完整性和顺序性；而 UDP 则提供无连接的数据报服务，适用于一些对实时性要求较高但对数据可靠性要求不高的应用场景。

3. 网络层：网络层是 TCP/IP 协议族中的核心层次，它负责处理数据包的路由和转发。网络层的主要协议是 IP 协议，它定义了数据包的格式和地址方式。此外，网络层还包括 ICMP、IGMP 等辅助协议，用于处理网络中的错误报告和组成员管理等问题。

4. 链路层：链路层是 TCP/IP 协议族的最底层，它负责将数据封装成帧进行传输，并处理物理层上的数据传输问题。链路层协议包括以太网、令牌环网等，它们定义了数据帧的格式和传输方式。

（三）TCP/IP 协议族的特点

TCP/IP 协议族具有以下几个显著的特点：

1. 标准化和开放性：TCP/IP 协议族是一个被广泛使用和开放的网络协议，其标准化和开放性使得它得到了全球普遍应用的推广。

2. 分层结构：TCP/IP 协议族采用了四层的层次结构，每个层次都有不同的功能和任务。

3. 可靠性和性能：TCP/IP 协议族中的 TCP 协议提供了高可靠的数据传输服务，保证数据的完整性和顺序性，并且具有流量控制和拥塞控制等机制。UDP 协议则执行速度更快，适用于一些速度较快、但数据不需要得到保证的情况。

4. 路由功能：TCP/IP 协议族中的 IP 协议具有路由功能，它能够识别不同的网络和主机，并且为数据包选择路由和路径。这使得网络具有较好的可扩展性和适应性。

（四）TCP/IP 协议族的应用场景

TCP/IP 协议族广泛应用于各种网络环境和应用场合，包括但不限于以下几种情况：

1.互联网通信：TCP/IP 协议族是互联网通信的基础，它支持全球范围内的主机之间的数据交换和通信。

2.局域网通信：在局域网中，TCP/IP 协议族同样得到了广泛应用。通过配置合适的网络参数和协议栈，可以实现局域网内主机之间的数据交换和通信。

3.远程登录和文件传输：TCP/IP 协议族中的 SSH、FTP 等协议支持远程登录和文件传输功能，使得用户可以在不同地点之间安全地访问和共享文件资源。

4.实时通信和视频会议：TCP/IP 协议族还支持实时通信和视频会议等应用，如 Skype、Zoom 等应用都采用了 TCP/IP 协议族中的相关协议来实现这些功能。

二、TCP 协议的工作原理

（一）引言

TCP 协议是互联网协议族（TCP/IP 协议族）中负责数据传输的主要协议之一。它提供了一种可靠的、面向连接的、基于字节流的传输服务。TCP 协议的工作原理涉及多个方面，包括连接建立、数据传输、数据确认和连接终止等关键过程。

（二）连接建立过程

TCP 的连接建立过程采用了"三次握手"的方式。在这一过程中，首先由客户端发送一个 SYN（Synchronize Sequence Numbers，同步）包到服务器，其中包含了客户端的初始序列号。服务器在接收到 SYN 包后，会返回一个 SYN+ACK（Synchronize Sequence Numbers/Acknowledge character，同步/确认）包给客户端，这个包中包含了服务器的初始序列号以及对于客户端 SYN 包的确认。最后，客户端再发送一个 ACK（确认）包给服务器，表示连接已成功建立。这三次握手确保了双方都能正确地接收和发送数据，为后续的通信奠定了基础。

在三次握手的过程中，TCP 协议使用了序列号来确保数据的顺序性。每次发送数据时，TCP 都会在数据段中分配一个唯一的序列号，并在接收方收到数据后通过确认包（ACK）来确认数据的接收。这种机制保证了数据的完整性和顺序性，使得 TCP 成为了一种可靠的传输协议。

（三）数据传输过程

在连接建立后，TCP 协议开始进入数据传输阶段。TCP 将数据拆分成称为数据段（Segment）的小块，并为每个数据段分配一个序列号。发送方在发送数据段时，会等待接收方的确认包（ACK）。如果接收方没有正确接收到数据段，发送方将重新发送该数据段，直到接收方确认收到为止。这种机制确保了数据的可靠性传输。

此外，TCP 协议还采用了滑动窗口机制来实现流量控制。接收方会根据其实际接收能力，通过发送确认信号来控制发送方的数据发送速率。当接收方的缓冲区满时，它将发送一个零窗口的确认包给发送方，使发送方暂停发送数据。当接收方缓冲区有空间时，它将发送一个非零窗口的确认包给发送方，使发送方恢复发送数据。这种机制有效地防止了网络拥塞和数据丢失。

（四）数据确认与连接终止

在 TCP 通信中，数据的确认是非常重要的。发送方在发送数据段后，需要等待接收方发送一个 ACK 包来确认接收。如果发送方在一定时间内没有收到确认，它会假设数据丢失，并重新发送该数据段。这种机制确保了数据传输的可靠性。

当一方想要关闭连接时，TCP 采用了"四次挥手"的方式来终止连接。首先由一方发送一个 FIN（结束）包给对方，告知对方自己要关闭连接。对方在收到 FIN 包后，会发送一个 ACK 包作为确认，并进入 CLOSE_WAIT 状态等待自己的应用层关闭连接。当自己的应用层关闭连接后，它也会发送一个 FIN 包给对方，告知对方自己也准备关闭连接。最后，对方在收到 FIN 包后发送一个 ACK 包作为确认，并关闭连接。这种机制确保了数据的完整传输。

三、IP 协议的作用与特性

（一）IP 协议的作用

IP 协议是互联网通信中不可或缺的一部分，其主要作用在于确保数据能够在不同的计算机和网络设备之间准确、高效的传输。以下是 IP 协议作用的详细分析：

1. 标识与定位：IP 协议为每个连接到互联网的设备分配一个唯一的 IP 地址，这个地址相当于设备在网络中的"门牌号"，使得其他设备能够准确地找到它并与之通信。IP 地址的分配和管理是 IP 协议的基础功能之一，它为网络通信提供了基本的寻址能力。

2. 数据路由与转发：IP 协议具有强大的路由和转发功能。当数据包从一个设备发送到另一个设备时，需要经过多个路由器和交换机等网络设备。IP 协议能够根据数据包的目标 IP 地址，选择合适的路径，将数据包从源地址发送到目标地址。这种路由和转发功能保证了数据包能够在复杂的网络环境中准确传输。

3. 数据分组与封装：为了提高网络传输的效率和可靠性，IP 协议采用了数据分组和封装的技术。它将待传输的数据分割成若干个较小的数据包（称为 IP 数据报），并为每个数据包添加头部信息（包括源 IP 地址、目标 IP 地址、协议类型等）。这种分组和封装的方式使得数据能够在网络中以较小的单位进行传输，提高了网络资源的利用率和传输效率。

4. 跨网络通信：IP 协议是一种无连接的协议，它不需要在传输数据之前建立连接。这意味着 IP 协议可以跨越不同的网络进行通信，连接不同类型的网络设备，实现全球范围内的互联互通。这种跨网络通信的能力使得 IP 协议成为互联网通信的基础协议之一。

（二）IP 协议的特性

IP 协议具有以下几个显著特性：

1. 无连接性：IP 协议是一种无连接的协议，它不需要在传输数据之前建立连接。这种无连接性使得 IP 协议能够处理大量的并发通信请求，提高了网络的吞吐量和效率。但是，无连接性也意味着 IP 协议不提供端到端的连接保证，需要应用层协议（如 TCP）来确保数据传输的可靠性。

2. 不可靠性：IP 协议只提供尽力而为（best-effort）的数据传输服务，不保证数据包的可靠传输。当数据包在传输过程中丢失、损坏或重复时，IP 协议不会进行修复或重新传输。这种不可靠性使得 IP 协议能够高效地处理大量的数据传输任务，但也需要应用层协议来提供数据传输的可靠性保证。

3. 分组交换：IP 协议使用分组交换技术来传输数据。数据被分割成较小的数据包进行传输，每个数据包都带有源地址和目标地址信息。这种分组交换的方式使得数据能够在不同的网络设备和路径之间进行灵活的传输和转发。

4. 网络独立性：IP 协议可以在不同类型的网络上运行，包括以太网、无线网络等。这种网络独立性使得 IP 协议能够连接不同类型的网络设备，实现全球范围内的互联互通。同时，IP 协议也支持 IPv4（Internet Protocol version 4，网际协议版本 4）和 IPv6（Internet Protocol Version 6，网际协议版本 6）两种版本，以适应不同网络环境和应用需求。

四、TCP/IP 协议族中的其他重要协议

（一）引言

TCP/IP 协议族作为互联网通信的基础，除了核心的 TCP 和 IP 协议外，还包括了许多其他重要的协议，这些协议各自承担着不同的职责，共同构建了复杂的网络传输和服务体系。下面，我们将从四个方面对 TCP/IP 协议族中的其他重要协议进行分析。

（二）应用层协议

1. HTTP：HTTP 是应用层协议中最重要、使用最广泛的协议之一。它定义了 Web 浏览器和 Web 服务器之间通信的规则，是互联网上数据交换的基础。

HTTP 协议采用请求/响应模式，客户端发送请求到服务器，服务器返回响应给客户端。HTTP/1.1、HTTP/2 等版本不断演进，提高了传输效率和安全性。

2. FTP：FTP 是用于文件传输的协议，允许用户将文件从一台计算机传输到另一台计算机。FTP 协议基于 TCP 连接，提供可靠的数据传输服务。FTP 客户端和服务器之间建立两个连接：一个用于控制命令的传输（控制连接），另一个用于文件数据的传输（数据连接）。

3. SMTP：SMTP 是用于电子邮件传输的协议，它定义了邮件服务器之间发送和接收邮件的规则。SMTP 协议基于 TCP 连接，提供可靠的邮件传输服务。SMTP 服务器负责将邮件从发件人的邮件服务器传输到收件人的邮件服务器。

（三）传输层协议

除了 TCP 和 UDP 外，TCP/IP 协议族在传输层还包括一些其他协议，如 SCTP（Stream Control Transmission Protocol，流控制传输协议）。SCTP 是一种新的传输层协议，它结合了 TCP 的可靠性和 UDP 的高效性，并增加了多流和多宿主等特性。SCTP 协议在流媒体传输、视频会议等应用中有广泛的应用。

（四）网络层协议

1. ICMP：ICMP 是网络层的一个辅助协议，用于在 IP 主机、路由器之间传递控制消息。ICMP 报文通常被 IP 层或更高层协议（包括 TCP 和 UDP）使用，以通知在 IP 层发生的某种错误。

2. IGMP：IGMP 是 IPv4 中用于多播组成员管理的协议。它允许 IP 主机向本地多播路由器报告它们是否希望接收某个特定多播组的数据。

（五）网络接口层协议

网络接口层协议主要包括各种数据链路层协议，如以太网协议、令牌环网协议等。这些协议定义了数据帧的格式和传输方式，是 TCP/IP 协议族与物理网络之间的接口。不同的物理网络可能采用不同的数据链路层协议，但 TCP/IP 协议族可以通过这些协议在不同网络上实现统一的网络通信。

综上所述，TCP/IP 协议族中的其他重要协议各自承担着不同的职责，共同构建了一个庞大而复杂的网络传输和服务体系。这些协议在不同的层次上发挥着作用，为互联网通信提供了坚实的基础。

第四节　网络协议的设计与标准化

一、网络协议设计的原则

网络协议作为计算机网络中各个节点之间通信的规则和约定，其设计的质量直接关系到网络通信的效率、可靠性和安全性。以下是网络协议设计的四个主要原则：

（一）开放性原则

网络协议的设计应遵循开放性原则，这意味着网络协议的设计应该是公开的，任何人都可以访问和理解。这种开放性带来了几个关键优势：

1.互操作性：开放的协议标准确保了不同厂商、不同平台上的网络设备可以互相通信和协作。例如，TCP/IP 协议族的开放性使得各种操作系统和应用软件都可以在网络上进行通信。

2.竞争与创新：开放的协议标准鼓励了不同厂商之间的竞争，推动了技术创新和性能提升。在开放的市场环境中，厂商需要不断提供更高性能、更稳定、更安全的网络设备和解决方案，以满足用户需求。

3.标准化与兼容性：开放性促进了协议的标准化和兼容性。当协议成为国际标准时，它更容易被全球范围内的用户接受和使用。此外，标准化还使得网络设备和应用程序更容易进行互操作和升级。

（二）简洁性原则

简洁性原则要求网络协议的设计应该尽量简洁明了，避免冗余和复杂性。这有助于降低实现的难度和成本，提高网络传输的效率。

1.易于实现：简洁的协议更容易被理解和实现。开发人员可以更快地掌握协议的工作原理和细节，减少开发周期和成本。

2.易于测试和维护：简洁的协议具有更少的复杂性和不确定性，因此更容易进行测试和维护。这有助于降低网络故障的风险和成本。

3.提高效率：简洁的协议可以减少数据传输的开销和延迟，提高网络传输的效率。例如，HTTP/2协议通过引入头部压缩和二进制编码等技术，显著提高了Web应用的性能和响应速度。

（三）稳定性原则

稳定性原则要求网络协议的设计应该稳定可靠，一旦确定后就不应轻易更改。这有助于避免因协议更改而导致网络中断或通信故障。

1.避免频繁变更：稳定的协议标准可以减少因频繁变更而导致的兼容性问题。当协议需要更新时，应该通过适当的版本控制机制来确保新旧版本的兼容性和平滑过渡。

2.兼容性测试：在协议更新后，应该进行充分的兼容性测试，以确保新旧设备和应用程序之间的互操作性。这有助于减少因协议更新而导致的网络故障和中断。

3. 安全性考虑：稳定性原则还强调了协议设计的安全性考虑。在设计协议时，应该充分考虑各种安全威胁和攻击手段，并采取相应的安全措施来保护网络和数据的安全。

（四）可扩展性原则

可扩展性原则要求网络协议的设计应该具备良好的可扩展性，能够适应网络技术的发展和变化。

1. 模块化设计：模块化的协议设计可以方便地添加新的功能和特性。通过将协议划分为不同的模块和组件，可以更容易地实现功能的扩展和升级。

2. 标准化扩展机制：为了支持可扩展性，协议应该提供标准化的扩展机制。这包括定义扩展字段、标志位或接口等，以便在不影响现有功能的情况下添加新的功能或特性。

3. 向前兼容性：可扩展的协议应该具有良好的向前兼容性。这意味着新版本的协议应该能够支持旧版本的功能和特性，以确保新旧设备和应用程序之间的互操作性。同时，新版本的协议还应该能够充分利用新技术和新特性来提高性能和安全性。

二、网络协议标准化的意义

网络协议标准化在计算机网络的发展和应用中起着至关重要的作用。它不仅促进了网络技术的快速进步，还提高了网络的安全性、可靠性和效率。下面将从四个方面对网络协议标准化的意义进行详细分析：

(一) 促进网络技术的统一和发展

网络协议标准化能够确保不同厂商生产的网络设备之间能够相互通信和协作，从而实现了网络技术的统一。这种统一使得网络设备可以无缝集成到网络中，降低了网络建设和运维的复杂性。同时，标准化还推动了网络技术的不断创新和发展。通过制定统一的协议标准，网络技术的研发者可以更加专注于新功能的开发和优化，而无需担心与其他设备的兼容性问题。

(二) 提高网络的安全性和可靠性

网络协议标准化对于提高网络的安全性和可靠性具有重要意义。标准化的协议通常具有完善的安全机制和加密技术，能够有效防止网络攻击和数据泄露。此外，标准化的协议还规定了数据传输的流程和规则，减少了数据传输中的错误和冲突，从而提高了网络的可靠性。例如，IPSec 协议标准就为 IP 层提供了加密、认证和完整性校验等安全功能，有效保障了网络通信的安全性。

(三) 降低网络建设和运维成本

网络协议标准化可以降低网络建设和运维的成本。由于标准化的协议具有统一的接口和规范，网络设备和应用程序可以更容易地进行集成和互操作，减少了定制开发和维护的工作量。同时，标准化的协议还具有广泛的兼容性和可扩展性，使得网络设备和应用程序可以更加灵活地适应不同的网络环境和业务需求。这些优势使得网络建设和运维更加高效和经济。

(四) 促进国际通信和交流

网络协议标准化对于促进国际通信和交流具有重要意义。由于标准化的协议具有统一的规范和接口，不同国家和地区的网络可以相互连接和通信，实现了全球范围内的信息共享和交流。这种全球化的通信方式促进了国际贸易、文化交流和教育合作等领域的发展。同时，标准化的协议也为跨国企业的全球业务提供了便利和支持。

总之，网络协议标准化对于促进网络技术的统一和发展、提高网络的安全性和可靠性、降低网络建设和运维成本以及促进国际通信和交流具有重要意义。随着网络技术的不断发展和普及，网络协议标准化的重要性将越来越凸显。未来，我们应该继续加强网络协议标准化的研究和应用，推动网络技术的不断发展和创新。

三、国际标准化组织与网络协议

（一）ISO 与网络协议标准化的背景

ISO 成立于 1947 年，是一个致力于促进全球范围内标准化工作的国际组织。在网络通信领域，ISO 通过制定和发布一系列网络协议标准，为全球范围内的网络通信提供了统一的规范和接口。这些标准不仅促进了不同厂商设备之间的互操作性，还提高了网络的安全性和可靠性。

ISO 在网络协议标准化方面的主要工作包括：

1.制定网络协议标准：ISO 通过其技术委员会（TC）和工作组（WG）制定了一系列网络协议标准，如 OSI 七层模型、X.25 协议等。这些标准在网络通信中起到了关键作用，为各种网络设备和应用程序提供了统一的通信接口和规范。

2.协调全球标准化工作：ISO 与其他国际标准化组织（如 IEC、ITU 等）紧密合作，共同推动全球范围内的标准化工作。在网络通信领域，ISO 与其他组织共同制定了一系列国际标准，如 TCP/IP 协议族、HTTP 协议等。这些标准为全球范围内的网络通信提供了统一的规范和接口。

3. 促进国际合作与交流：ISO 通过其全球范围内的成员机构，促进了不同国家和地区之间的合作与交流。在网络通信领域，ISO 为各国提供了交流和学习的平台，推动了全球范围内网络通信技术的发展和创新。

（二）ISO 在网络协议标准化中的具体作用

ISO 在网络协议标准化中发挥了重要作用，主要体现在以下几个方面：

1. 制定基础标准：ISO 制定了一系列基础性的网络协议标准，如 OSI 七层模型、X.25 协议等。这些标准为网络通信提供了基本的框架和规范，为后续的网络协议发展奠定了基础。

2. 推动技术创新：ISO 通过制定新的网络协议标准，推动了网络通信技术的创新和发展。例如，ISO/IEC JTC 1/SC 6 工作组致力于制定云计算、物联网等新兴领域的网络协议标准，为这些领域的发展提供了支持。

（三）ISO 网络协议标准对全球网络通信的影响

ISO 制定的网络协议标准对全球网络通信产生了深远的影响，主要体现在以下几个方面：

1. 提高网络互操作性：ISO 制定的网络协议标准为全球范围内的网络设备和应用程序提供了统一的通信接口和规范，提高了不同厂商设备之间的互操作性。这使得用户可以更加方便地使用各种网络设备和应用程序，享受更加便捷的网络服务。

2. 提高网络安全性：ISO 制定的网络协议标准通常具有完善的安全机制和加密技术，能够有效防止网络攻击和数据泄露。这些标准为全球范围内的网络通信提供了更加安全可靠的保障。

3. 推动网络技术创新：ISO 通过制定新的网络协议标准，推动了网络通信技术的创新和发展。这些新的标准不仅为现有技术提供了改进和优化的空间，还为新技术的发展提供了支持。这使得全球范围内的网络通信技术得以不断进步和发展。

四、网络协议标准化的过程

网络协议标准化是确保网络通信有效、可靠和互操作性的重要过程。这一过程涉及多个阶段，包括提案、制定、审核和发布等，以确保网络协议能够满足全球范围内的通信需求。以下将从四个方面对网络协议标准化的过程进行详细分析。

（一）提案阶段

提案阶段是网络协议标准化过程的起始阶段，主要涉及新协议或已有协议的改进提案的提交。这一阶段的关键是提案的详细性、技术性和创新性。

提案的详细性：提案需要包含详细的技术规范、实现细节和设计目的。这些详细信息是后续阶段讨论和制定标准的基础。

提案的技术性：提案应基于现有技术和研究成果，具备技术可行性和先进性。这有助于确保新协议能够在实际环境中有效运行。

提案的创新性：创新是网络协议发展的关键。提案应能够解决现有协议中存在的问题，或提出新的通信机制和方法。

在这一阶段，标准化组织、产业界和学术界等各方可以提交提案。标准化组织将对提案进行初步评审，确保提案符合基本要求，然后进入下一阶段。

（二）制定阶段

制定阶段是网络协议标准化过程的核心阶段，涉及协议的技术规范和标准的制定。

专家参与：标准化组织将邀请相关领域的专家和利益相关者参与制定过程。这些专家具备丰富的技术知识和实践经验，能够为协议制定提供宝贵建议。

讨论和制定：在专家参与的基础上，标准化组织将组织多次会议和讨论，对提案进行深入分析和研究。这些讨论旨在确定协议的技术细节、实现方式和性能指标等。

形成草案：经过多轮讨论和修改后，标准化组织将形成一份协议草案。这份草案将作为后续审核和发布的基础。

（三）审核阶段

审核阶段是网络协议标准化过程的关键阶段，涉及对制定好的标准进行公开审查，以获取更多人的反馈和意见。

公开审查：标准化组织将把制定好的标准草案公开，供全球范围内的专家、学者和厂商进行审查。这些审查旨在发现标准中存在的问题和不足，提出改进建议。

广泛征求意见：标准化组织会广泛征求各方的意见和建议，并进行修改和调整。这些意见可能来自学术界、产业界、政府部门等多个方面。

修改和完善：根据收集到的意见和建议，标准化组织将对标准草案进行修改和完善。这些修改旨在确保标准的正确性、可行性和有效性。

（四）发布阶段

发布阶段是网络协议标准化过程的最后阶段，涉及将经过多次审查和修改后的标准正式发布。

正式发布：经过多次审查和修改后，标准化组织将正式发布新的网络协议标准。这一标准将成为全球范围内的规范参考，供各个厂商和组织在实现网络协议时参考和遵循。

标准推广：发布后，标准化组织将通过各种渠道和方式推广新的网络协议标准。这有助于促进新标准的广泛应用和普及。

后续维护：发布后的标准还需要进行后续的维护和管理。标准化组织将定期更新和完善标准，以适应新技术和新应用的发展需求。

总之，网络协议标准化的过程是一个复杂而严谨的过程，涉及多个阶段和多个方面。这一过程需要各方共同努力和协作，以确保网络协议能够满足全球范围内的通信需求。

第二章　物理层协议

第一节　物理层的功能与特性

一、物理层的基本功能

物理层作为 OSI 模型中的最底层，承载着网络通信的基础职责。其基本功能可以从以下四个方面进行详细分析：

（一）提供物理信道

物理层的主要任务之一是提供数据在计算机网络中传输的物理信道。这些物理信道包括有线信道和无线信道两大类。有线信道如双绞线、同轴电缆和光纤等，它们通过导线或光纤等介质传输数据信号。无线信道则利用无线电波、红外线等无线介质实现数据的传输。物理信道是数据传输的基础，通过物理层提供的信道，数据可以在发送方和接收方之间进行可靠传输。

1. 有线信道：有线信道以其高带宽、低延迟的特性在数据传输中占据重要地位。例如，光纤作为目前最先进的传输介质之一，具有传输速度快、传输距离远、抗干扰能力强等优点，广泛应用于骨干网、城域网等场景。

2. 无线信道：无线信道以其灵活性和便捷性在移动通信领域占据重要位置。无线信号可以在空气中传播，实现无线设备之间的通信。然而，无线信道也面临着信号衰减、干扰等问题，需要通过物理层的调制、编码等技术手段来保证数据的可靠传输。

（二）调制与编码

物理层还负责将数字信号转换为模拟信号，以便在传输过程中通过物理介质传输。这个过程称为调制。同时，物理层还负责将调制后的信号进行编码，以便在接收端正确地解码。调制和编码的目的是在传输过程中确保传输的可靠性，提高数据传输的成功率。

1.调制：调制是将数字信号转换为适合在物理介质上传输的模拟信号的过程。常见的调制方式包括 AM（Amplitude Modulation，振幅调制）、FM（Frequency Modulation，频率调制）和 PM（Phase Modulatio，相位调制）等。通过调制，可以将数字信号转换为适合在物理介质上传输的模拟信号，从而实现数据的传输。

2.编码：编码是将调制后的信号进行编码处理，以便在接收端能够正确地解析数据。常见的编码方式包括线性编码、循环编码和卷积编码等。通过编码处理，可以提高数据的抗干扰能力和传输可靠性。

（三）数据传输的传输速率与带宽

物理层还定义了数据传输的传输速率以及信道的带宽。传输速率是指一段时间内传输的数据量，通常以比特率（bps）来表示。带宽是指信道能够传输的最高数据速率，它取决于信道的性质和信号调制方式。

1.传输速率：传输速率是评估网络性能的重要指标之一。较高的传输速率意味着网络能够在更短的时间内传输更多的数据。物理层通过优化传输介质、调制方式和编码方式等手段来提高传输速率。

2.带宽：带宽是信道能够传输的最高数据速率。不同的传输介质和调制方式具有不同的带宽。物理层需要根据实际应用场景选择合适的传输介质和调制方式，以确保网络的带宽满足业务需求。

（四）物理接口与电气特性

物理层定义了计算机与传输介质之间的物理接口和连接方式。这些接口和连接方式规定了数据传输的电气特性，如电压、电流、幅度和波特率等。这些规定保证了计算机网络中不同设备之间的互操作性。

1. 物理接口：物理接口是计算机与传输介质之间的连接点。常见的物理接口包括 RJ45 接口（用于以太网连接）、光纤接口（用于光纤传输）等。物理层需要确保这些接口与传输介质之间的匹配和兼容性。

2. 电气特性：电气特性是指数据传输过程中的电压、电流、幅度和波特率等参数。物理层需要规定这些参数的取值范围和标准值，以确保数据传输的稳定性和可靠性。同时，物理层还需要考虑不同设备之间的电气特性差异，以确保它们之间的互操作性。

二、物理层的主要特性

（一）机械特性

物理层的机械特性关注的是接口的物理规格，这包括接口所使用的接线器的形状、尺寸、引脚数、排列和固定方式等。这些特性确保了不同设备之间物理连接的准确性和可靠性。例如，在以太网中，RJ45 接口作为物理层的接口之一，其机械特性规定了接口的形状、尺寸和引脚排列，使得不同厂商生产的网络设备和线缆能够相互兼容和连接。此外，物理层的机械特性还涉及到连接器的插拔力、插拔次数、锁紧装置等，以确保在复杂环境中连接器的稳定性和可靠性。

在物理层的设计和实现中，机械特性的重要性不言而喻。只有确保物理连接的正确性和可靠性，才能为数据传输提供稳定的基础。因此，在设计和选择物理层接口时，需要充分考虑机械特性的要求，确保接口与传输介质之间的匹配和兼容性。

（二）电气特性

物理层的电气特性描述了接口电缆的各条线上传输的电压、电流、阻抗、功率等电信号的特性。这些特性对于确保数据传输的正确性和可靠性至关重要。例如，在数据传输过程中，电压和电流的大小和稳定性直接影响到信号的质量和传播距离。阻抗则决定了信号的衰减程度，对于长距离传输尤为重要。功率则决定了设备的能耗和散热性能。

此外，电气特性还包括信号的时序、同步和编码方式等。时序特性描述了信号在传输过程中的时间关系，如信号的传输速率、位同步和字符同步等。同步特性则保证了发送端和接收端之间的时钟同步，以确保数据的正确接收。编码方式则决定了如何将数字信号转换为适合在物理介质上传输的模拟信号。

（三）功能特性

物理层的功能特性定义了接口信号的来源、作用以及其他信号之间的关系。这包括数据信号的表示、控制信号的功能和状态表示等。在物理层中，数据信号通常表示为电压或电流的变化，而控制信号则用于控制设备的状态和操作。功能特性还规定了接口信号的电平表示何种意义，如高电平表示"1"，低电平表示"0"。

这些功能特性的定义确保了发送端和接收端之间能够正确地理解和处理

信号。在设计和实现物理层时，需要充分考虑功能特性的要求，确保接口信号的正确性和可靠性。同时，还需要考虑不同设备之间的功能特性差异，以确保它们之间的互操作性。

（四）规程特性

物理层的规程特性定义了接口信号的传输过程和建立、维持以及断开物理连接的方法。这包括 DTE（Data Terminal Equipment，数据终端设备）和 DCE（Data Communication Equipment，数据通信设备）之间的接口规程、数据传输规程以及设备之间的同步规程等。这些规程特性确保了数据在物理层上的正确传输和设备的正确操作。

在物理层中，规程特性的实现通常依赖于各种控制信号和协议。例如，在 RS-232 接口中，控制信号用于实现设备的初始化、测试、同步和断开连接等操作。而数据传输规程则规定了数据的传输方式、传输速率和校验方式等。这些规程特性的实现对于确保数据传输的正确性和可靠性至关重要。

综上所述，物理层的主要特性包括机械特性、电气特性、功能特性和规程特性。这些特性共同构成了物理层的基础框架，为数据在计算机网络中的传输提供了稳定和可靠的环境。

三、物理层与数据链路层的关系

物理层和数据链路层在计算机网络体系结构中扮演着重要的角色，它们之间有着密切的联系和依赖关系。下面将从四个方面对物理层与数据链路层的关系进行详细分析：

（一）层次结构与功能定位

在 OSI 模型中，物理层位于最底层，而数据链路层则位于物理层之上、网络层之下。这种层次结构决定了两者在功能上的分工和合作。物理层主要关注传输介质的物理特性、电气特性、机械特性等，确保数据能够在不同设备之间正确传输。而数据链路层则在物理层提供的服务基础上，进一步负责数据链路的建立、维护、拆除以及帧的封装、传输、同步、差错控制等功能。

具体来说，物理层为数据链路层提供了一个可靠的物理传输通道，使得数据链路层能够在不考虑物理传输细节的情况下，专注于实现数据链路层的功能。而数据链路层则通过对物理层传输的比特流进行封装、同步和差错控制等处理，使得数据能够在网络节点之间可靠地传输。

（二）数据传输与帧结构

在数据传输方面，物理层负责传输原始的比特流，而数据链路层则将原始数据封装成帧（Frame）进行传输。帧是数据链路层的基本传输单位，它包含了数据部分、帧头和帧尾等信息。帧头中包含了目的地址、源地址、控制信息等，用于指导数据的传输和接收。帧尾则包含了校验码等信息，用于检测数据传输过程中的错误。

数据链路层通过对帧的封装和传输，实现了数据在物理层上的可靠传输。同时，数据链路层还提供了帧同步机制，确保接收端能够正确地识别出帧的起始和结束位置。此外，数据链路层还负责处理传输差错和流量控制等问题，以确保数据传输的稳定性和可靠性。

（三）物理接口与数据链路层协议

物理层定义了设备之间物理连接的接口规范，包括机械特性、电气特性、功能特性和规程特性等。这些接口规范为数据链路层提供了传输数据的物理通道。而数据链路层则通过定义一系列协议和规程,实现了数据在物理层上的封装、传输和同步等功能。

数据链路层协议是数据链路层功能的具体实现方式。常见的数据链路层协议包括以太网协议、令牌环网协议等。这些协议规定了数据帧的格式、传输方式、同步机制、差错控制方法等细节问题。通过遵循这些协议,不同设备之间可以实现互联互通和数据的可靠传输。

(四) 网络性能与物理层和数据链路层的优化

物理层和数据链路层的性能直接影响整个网络的性能。优化物理层和数据链路层可以提高网络的带宽、降低延迟、减少传输错误等。例如,在物理层中,可以通过选择合适的传输介质、优化接口规范等方式来提高数据传输的速率和稳定性。在数据链路层中,则可以通过优化帧结构、改进同步机制、增强差错控制能力等方式来提高数据传输的可靠性和效率。

此外,物理层和数据链路层的优化还可以提高网络的可扩展性和灵活性。例如,在物理层中,采用标准化的接口规范可以使得不同设备之间更容易实现互联互通;在数据链路层中,采用面向连接的协议可以使得数据传输更加可靠和稳定。这些优化措施不仅可以提高网络的性能,还可以降低网络管理和维护的成本。

四、物理层在现代网络中的应用

物理层作为现代网络通信的基石,其应用广泛且深入,对网络的稳定性和性能起着至关重要的作用。下面将从四个方面对物理层在现代网络中的应用进行详细分析:

（一）数据传输的基础

物理层负责数据传输的物理实现，将数字信号转换为适合在传输介质上传输的信号。在现代网络中，无论是局域网、城域网还是广域网，物理层都提供了数据传输的基础。有线传输介质如双绞线、同轴电缆和光纤等，以及无线传输介质如无线电波和微波等，都依赖于物理层的技术和协议来实现数据传输。物理层通过调制、编码等技术手段，确保数据在传输过程中的可靠性和稳定性。

具体来说，物理层在数据传输中起到以下几个关键作用：

1. 转换数字信号：物理层将数字信号转换为模拟信号，以便在传输介质上进行传输。这种转换使得数据能够在不同类型的介质上传输，如电话线、光纤等。

2. 选择传输介质：物理层负责选择适合的传输介质，根据传输距离、带宽需求、成本等因素进行权衡。不同的传输介质具有不同的特性和优势，物理层需要根据实际应用场景进行选择。

3. 放大和缩小信号：在信号传输过程中，物理层负责进行信号的放大和缩小，以保证信号在传输过程中不受干扰和衰减。这有助于提高数据传输的稳定性和可靠性。

（二）信号同步与传输模式

物理层还负责确保发送端和接收端的时钟保持同步，以确保数据的正确传输和解码。同时，物理层定义了数据传输的模式，包括单工、半双工和全双工等。这些模式的选择取决于网络拓扑结构、设备类型和通信需求等因素。

1. 时钟同步：物理层通过时钟同步技术，确保发送端和接收端的时钟保持一致。这有助于避免数据传输过程中的时序错误和丢失现象。

2.传输模式：物理层定义了数据传输的模式，包括单工、半双工和全双工等。单工模式适用于数据只能在一个方向上进行传输的场景；半双工模式允许数据在两个方向上交替传输；全双工模式则支持数据同时在两个方向上传输。这些模式的选择可以根据实际通信需求进行灵活调整。

（三）网络性能优化

物理层的技术和协议对网络性能有着重要影响。通过优化物理层的技术和协议，可以提高网络的带宽利用率、降低传输延迟、减少传输错误等。

1.带宽优化：物理层通过选择合适的传输介质和调制方式，可以提高网络的带宽利用率。例如，采用光纤作为传输介质可以大幅提高网络带宽和传输距离。

2.延迟降低：物理层通过优化传输介质和信号处理技术，可以降低数据传输的延迟。这对于实时性要求较高的应用场景具有重要意义。

3.错误控制：物理层通过编码和校验等技术手段，可以检测和纠正数据传输过程中的错误。这有助于提高数据传输的可靠性和稳定性。

（四）应用领域的广泛覆盖

物理层的应用不仅局限于通信领域，还广泛应用于电子商务、医疗、交通等领域。

1.通信领域：在电话通信、短信通信和电子邮件通信中，物理层都扮演着重要角色。它将声音信号、文字信息和电子邮件转换为数字信号，并通过不同的传输介质进行传输。

2.电子商务领域：物理层为在线购物和在线支付等电子商务活动提供了数据传输的基础。通过优化物理层的技术和协议，可以提高电子商务的效率和安全性。

3.医疗领域：在远程医疗和医疗数据传输中，物理层负责对医疗图像、病历信息等数据进行可靠传输。这对于提高医疗服务的效率和质量具有重要意义。

4.交通领域：在智能交通系统中，物理层负责对交通数据、路况信息等进行实时传输。这有助于优化交通管理、提高道路利用率和减少交通事故的发生。

第二节　传输介质与接口标准

一、传输介质的分类与特性

（一）传输介质的分类

传输介质，作为网络中的核心组成部分，是实现数据从发送端传输到接收端的桥梁。根据其传输方式的不同，传输介质可以分为两大类：有线传输介质和无线传输介质。

1.有线传输介质

有线传输介质是指在两个通信设备之间通过实体线路进行连接的介质。常见的有线传输介质包括双绞线、同轴电缆和光纤。

双绞线：双绞线是由两根相互绝缘的铜线相互缠绕而成，以减少电磁干扰。它分为非屏蔽双绞线和屏蔽双绞线两种，广泛应用于电话线、以太网等场景。其传输速率一般在 4~1000Mbit/s 之间，性能较好且价格便宜。

同轴电缆：同轴电缆由内芯和外层绝缘线构成，具有更好的屏蔽性和更高的带宽。它通常用于电视信号和宽带网络的传输，1km 的同轴电缆可以达到 1~2Gbit/s 的数据传输速率。

光纤：光纤由纯石英玻璃制成，利用光的全反射原理传输信息。它具有传输速度快、传输距离远、抗干扰能力强、信号损耗小等优点。光纤的传输速率可达 100Gbit/s，广泛应用于高速互联网、数据中心和长距离通信等领域。

2. 无线传输介质

无线传输介质则利用无线电波、微波、红外线、激光等在自由空间进行数据传输。这些无线传输介质不需要实体线路连接，因此具有更高的灵活性和便利性。

无线电波：无线电波是一种利用电磁波传输信息的介质，广泛应用于广播、电视和无线通信等领域。其传输距离远、覆盖范围广，但易受干扰且安全性较低。

微波：微波是频率在 10^8~10^{10} Hz 之间的电磁波，传输速率高、穿透力强，但传输距离较短且对物质有一定的穿透损耗。微波通信被广泛用于长途电话通信、监察电话、电视传播和其他方面的应用。

红外线：红外线是频率在 100GHz~1THz 之间的电磁波，信号传输不受物质阻挡，具有较好的保密性和抗干扰能力，但传输距离较短且对环境温度和角度要求较高。红外线主要用于电视遥控器、家庭网络和物联网等领域。

激光：激光传输通过装在楼顶的激光装置来连接两栋建筑物里的 LAN，由于激光信号是单向传输，因此每栋楼房都得有自己的激光以及测光的装置。激光传输不能穿透雨和浓雾，但在晴天里可以很好地工作。

（二）传输介质的特性

传输介质的特性主要体现在以下几个方面：

1. 传输速度：不同的传输介质具有不同的传输速率。例如，光纤的传输速率远高于双绞线和同轴电缆。

2.传输距离：不同介质的传输距离也有所不同。光纤可以传输更远的距离而不失真，而双绞线和同轴电缆则受限于信号衰减和电磁干扰等因素。

3.抗干扰能力：无线传输介质容易受到外界电磁干扰的影响，而有线传输介质则相对较为稳定。

4.成本：不同传输介质的成本也有所不同。例如，光纤的成本较高，但性能卓越；而双绞线则价格便宜且易于安装。

（三）传输介质的选择与应用

在实际应用中，选择合适的传输介质需要考虑多种因素，如传输距离、传输速率、成本、环境等。例如，在需要高速、长距离传输的场合，光纤是首选；而在短距离、低成本的场合，双绞线则更为适用。此外，无线传输介质由于其灵活性和便利性，在移动设备和物联网等领域得到广泛应用。

（四）发展趋势与挑战

随着网络技术的不断发展，传输介质的种类和应用范围也在不断扩展。未来，随着5G、6G等新一代通信技术的普及和应用，无线传输介质将面临更大的发展机遇和挑战。同时，随着物联网、云计算等技术的快速发展，对传输介质的要求也将越来越高。因此，研究和开发新型传输介质、提高传输介质的性能和稳定性将是未来发展的重要方向。

二、有线传输介质详解

（一）有线传输介质概述

有线传输介质，作为网络通信中的关键组成部分，通过实体线路将信息从一个设备传输到另一个设备。在现代通信网络中，有线传输介质扮演着至关重要的角色，其稳定性和可靠性对于保证网络通信的高效运行至关重要。有线传输介质主要包括双绞线、同轴电缆和光纤等，每种介质都有其独特的特性和适用场景。

（二）双绞线传输介质

双绞线作为最常见的有线传输介质之一，广泛应用于局域网（LAN）的组建中。它由两根相互绝缘的铜线以一定的绞距相互缠绕而成，可以有效地减少电磁干扰（EMI）和射频干扰（RFI）。双绞线按照其传输性能和结构特点可分为多个类别，如五类线（CAT5）、超五类线（CAT5e）和六类线（CAT6）等。

1. 五类线（CAT5）：CAT5 电缆具有 100MHz 的带宽，最高传输速率可达 100Mbps。它适用于 100BASE-T 和 1000BASE-T 网络，是早期以太网连接中常用的电缆类型。

2. 超五类线（CAT5e）：CAT5e 电缆在 CAT5 的基础上进行了改进，增加了线缆内部的绞距密度，提高了带宽和传输性能。它支持高达 1Gbps 的传输速率，适用于千兆以太网连接。

3. 六类线（CAT6）：CAT6 电缆具有更高的带宽和传输性能，支持高达 10Gbps 的传输速率。它采用了更严格的制造标准和测试要求，适用于高速数据传输和多媒体应用。

双绞线传输介质的优点包括价格实惠、易于安装和维护，以及良好的电磁兼容性。然而，其传输距离和带宽有限，对于长距离或高速率的数据传输可能不够理想。

（三）同轴电缆传输介质

同轴电缆是一种由内部导体、绝缘层、金属屏蔽层和外层绝缘层组成的传输介质。它适用于信号传输和电视播放等场景，具有抗干扰性强、传输距离远等优点。同轴电缆按照其结构和用途可分为粗缆和细缆两种类型。

1. 粗缆：粗缆具有较高的带宽和传输性能，适用于大型局域网和有线电视系统的主干线路。然而，其安装和维护成本较高，且不易于弯曲和连接。

2. 细缆：细缆相对于粗缆来说更轻便、更易于安装和维护。它适用于小型局域网和短距离数据传输场景。然而，其带宽和传输性能较低，无法满足高速数据传输的需求。

同轴电缆传输介质的优点包括传输距离远、抗干扰性强等。然而，其价格较高且不易于弯曲和连接，限制了其在某些场景下的应用。

（四）光纤传输介质

光纤作为一种新型的有线传输介质，以其高速率、大容量和长距离传输等特性而备受关注。光纤由纯石英玻璃制成，利用光的全反射原理进行信息传输。根据光在光纤中的传输模式不同，光纤可分为单模光纤和多模光纤两种类型。

1. 单模光纤：单模光纤只允许一种模式的光在光纤中传输，因此具有更高的带宽和更低的损耗。它适用于长距离、高速率的数据传输场景，如城域网、广域网等。

2. 多模光纤：多模光纤允许多种模式的光在光纤中同时传输，因此其带宽和传输速率相对较低。然而，其成本较低且易于安装和维护，适用于短距离、中低速率的数据传输场景。

光纤传输介质的优点包括传输速度快、传输距离远、抗干扰能力强等。然而，其成本较高且需要专业的安装和维护技术，这在一定程度上限制了其在某些领域的应用。随着技术的不断进步和成本的降低，光纤传输介质将在未来的网络通信中发挥越来越重要的作用。

三、无线传输介质概览

（一）无线传输介质的基本概念与分类

无线传输介质，指的是利用无线电波、微波、红外线、激光等无需物理连接即可实现信息传输的介质。在现代通信网络中，无线传输介质以其灵活、便捷的特性，成为有线传输介质的重要补充。无线传输介质的分类主要根据其使用的电磁波频段和传输特性来划分。

1. 无线电波：无线电波是最常见的无线传输介质，其频段广泛，包括长波、中波、短波、超短波、微波等。无线电波传输具有传播距离远、穿透力强等特点，广泛应用于广播、电视、移动通信等领域。

2. 微波：微波是无线电波中的一部分，频段较高，传输距离适中，但带宽较大，适用于高速数据传输。微波传输常用于卫星通信、雷达探测等领域。

3. 红外线：红外线是一种波长较短的电磁波，传输距离较近，但抗干扰能力强，适用于短距离、高保密性的数据传输。红外线传输常用于遥控器、无线键盘、无线鼠标等设备中。

4. 激光：激光是一种高度聚焦的光束，传输距离远、速度快，但传输过程中易受到天气和环境的影响。激光传输常用于光纤通信、卫星通信等领域。

（二）无线传输介质的技术特性

无线传输介质的技术特性主要体现在以下几个方面：

1. 传输速度：不同无线传输介质的传输速度有所差异，如微波通信的传输速率较高，适用于高速数据传输；而红外线通信的传输速率则相对较低。

2.传输距离：无线传输介质的传输距离取决于其使用的电磁波频段和传输特性。例如，无线电波传输距离较远，适用于广域覆盖；而红外线传输距离较短，适用于短距离通信。

3.抗干扰能力：无线传输介质在传输过程中容易受到外界电磁干扰的影响。不同的无线传输介质具有不同的抗干扰能力，如红外线通信具有较好的抗干扰能力，而无线电波通信则相对较弱。

4.成本与功耗：无线传输介质的成本和功耗因技术差异而有所不同。例如，蓝牙技术的成本较低、功耗较小，适用于移动设备之间的短距离通信；而卫星通信的成本较高、功耗较大，但传输距离远、覆盖范围广。

（三）无线传输介质的应用场景

无线传输介质的应用场景广泛，主要包括以下几个方面：

1.移动通信：无线传输介质是实现移动通信的基础，广泛应用于手机、平板电脑等移动设备之间的通信。

2.物联网：物联网设备通过无线传输介质实现信息的互联互通，实现智能化管理和控制。

3.远程监控：无线传输介质可用于远程监控系统的数据传输，如环境监测、安防监控等领域。

4.军事通信：无线传输介质在军事通信领域具有重要地位，可实现快速、隐蔽的通信需求。

（四）无线传输介质的未来发展趋势

随着技术的不断进步和应用场景的不断拓展，无线传输介质将呈现以下发展趋势：

1. 高速率传输：随着 5G、6G 等新一代通信技术的不断发展，无线传输介质的传输速率将得到进一步提升。

2. 低功耗设计：为满足物联网等低功耗设备的需求，无线传输介质将向低功耗设计方向发展。

3. 智能化管理：无线传输介质将结合物联网、云计算等技术，实现智能化管理和控制。

4. 安全保密性提升：随着网络安全问题的日益突出，无线传输介质将加强安全保密性设计，确保数据传输的安全可靠。

四、接口标准与连接器类型

（一）接口标准概述

接口标准是指在电子设备或系统间，为了实现数据的交换和传输而制定的一系列规范和协议。这些标准规定了接口的物理特性、电气特性、功能特性以及协议等，确保不同设备之间能够顺利地进行通信和互操作。接口标准的制定对于促进电子信息技术的标准化和通用化，推动不同设备和系统之间的互联互通具有重要意义。

在接口标准的发展历程中，已经形成了多个重要的标准体系，如 USB（通用串行总线）、HDMI（高清多媒体接口）、RJ-45（以太网接口）等。这些标准体系各自具有不同的特点和适用场景，为用户提供了多样化的选择。

（二）接口标准分类与特点

1.USB 接口标准：USB 接口标准是目前最为广泛应用的接口标准之一，它支持热插拔、即插即用和高速数据传输等功能。USB 接口标准包括 USB 2.0、

USB 3.0、USB 3.1 等多个版本，每个版本都在数据传输速度、功耗和兼容性等方面进行了优化和提升。USB 接口广泛应用于计算机、手机、平板电脑等设备之间的数据传输和充电。

2.HDMI 接口标准：HDMI 接口标准是一种高清多媒体接口标准，它支持高质量的数字音视频信号传输。HDMI 接口标准具有传输速度快、信号质量好、兼容性强等特点，广泛应用于电视、显示器、投影仪等设备之间的音视频信号传输。

3.RJ-45 接口标准：RJ-45 接口标准是一种以太网接口标准，它采用双绞线作为传输介质，支持高速、稳定的网络连接。RJ-45 接口标准广泛应用于计算机网络、电话网络等领域，是实现局域网和广域网互联互通的重要接口之一。

（三）连接器类型与特点

连接器是接口标准的具体实现形式，不同类型的连接器具有不同的特点和适用场景。根据连接器的外形、用途和传输介质等方面的不同，可以将连接器分为多种类型。

1.圆形连接器：圆形连接器是一种常见的连接器类型，它采用圆柱形结构，具有接触可靠、密封性好等特点。圆形连接器广泛应用于航空航天、军事等领域，用于实现设备之间的电气连接。

2.矩形连接器：矩形连接器是一种结构紧凑、传输速度快的连接器类型，它采用矩形结构，适用于高密度、高速率的信号传输。矩形连接器广泛应用于计算机、通信等领域，如内存条插槽、显卡插槽等。

3.光纤连接器：光纤连接器是一种用于光纤通信的连接器类型，它采用光纤作为传输介质，具有传输速度快、传输距离远等特点。光纤连接器广泛应用于高速互联网、数据中心等领域，是实现光纤网络互联互通的重要组件之一。

（四）接口标准与连接器的未来发展

随着电子信息技术的不断发展和应用领域的不断拓展，接口标准和连接器也在不断地发展和创新。未来，接口标准和连接器将朝着更高的数据传输速度、更低的功耗、更小的体积和更好的兼容性方向发展。同时，随着物联网、人工智能等新兴技术的发展和应用，接口标准和连接器也将面临更多的挑战和机遇。

第三节　数据编码与调制技术

一、数字信号与模拟信号

（一）定义与特性

数字信号与模拟信号是通信领域中的两种基本信号类型。模拟信号是指随时间连续变化的信号，如音频信号、视频信号等，其取值可以是无限多个。模拟信号的特点在于其连续性和无限精度，即在任何给定时间内，其取值可以是任意实数。数字信号则是一种离散的信号，它只包含有限个取值，通常表示为二进制代码（0 和 1）。数字信号的特点在于其离散性和有限精度，即只在特定的时间点取值，且取值范围有限。

（二）传输与处理

在传输方面，模拟信号可以直接通过模拟电路进行传输，如电话线、音频和视频设备等。而数字信号则需要通过编码和解码过程进行转换，才能在通信线路上传输。具体来说，数字信号首先通过编码将信息转换为二进制代码，然后通过调制将二进制代码转换为适合在通信线路上传输的模拟信号。在接收端，再通过解调将模拟信号还原为二进制代码，最后通过解码将二进制代码转换回原始信息。

在处理方面，模拟信号可以直接通过模拟电路进行处理，如放大、滤波、调制等。而数字信号则需要通过数字电路或数字信号处理器进行处理。数字信号处理通常涉及复杂的算法和计算，但具有更高的精确性和可控性。此外，数字信号还可以通过软件进行处理和修改，这使得数字信号处理更加灵活和方便。

（三）优缺点分析

模拟信号的优点在于其精确的分辨率和较高的信息密度。由于模拟信号是连续变化的，它可以对自然界物理量的真实值进行尽可能逼近的描述。此外，模拟信号处理通常比数字信号处理更简单直接。然而，模拟信号也存在一些缺点，如易受噪声干扰、难以进行远程传输和存储等。

数字信号的优点在于其抗噪声能力强、易于进行远程传输和存储。由于数字信号采用二进制代码表示信息，其抗干扰能力较强，即使受到一定程度的噪声干扰也能保持信息的完整性。此外，数字信号可以通过压缩算法进行压缩存储，节省存储空间。然而，数字信号也存在一些缺点，如需要额外的编码和解码过程、对设备和系统的要求较高等。

（四）应用与发展

模拟信号在音频、视频、通信和控制等领域具有广泛应用。例如，电话通信、广播电视等都采用了模拟信号传输方式。然而，随着数字技术的不断发展，越来越多的领域开始采用数字信号传输方式。数字信号在计算机网络、移动通信、卫星通信等领域得到了广泛应用。此外，随着物联网、大数据和人工智能等新兴技术的发展，数字信号的应用前景将更加广阔。

　　未来，随着技术的不断进步和创新，数字信号与模拟信号将不断融合和发展。一方面，数字信号将进一步提高其传输速度和抗干扰能力。另一方面，模拟信号也将通过数字化技术进行改造和提升其性能。这将有助于推动通信领域的进一步发展和应用拓展。

二、数据编码技术

（一）数据编码技术的定义与重要性

　　数据编码技术是将原始数据或信息转换为一种特定的代码或符号，以便于计算机或其他设备进行存储、传输和处理的技术。它是计算机信息处理和通信领域中的基础技术之一，对于实现信息的数字化、自动化和智能化具有重要意义。数据编码技术的目标是将原始数据转换为一种标准的、统一的格式，以便于不同系统之间的数据交换和共享。

　　在数据编码技术的发展过程中，人们逐渐认识到编码技术对于提高数据处理效率和精度的重要性。通过合理的数据编码，可以实现对数据的快速检索、分类和统计，从而提高数据处理的效率和准确性。此外，数据编码技术还可以实现对数据的压缩和加密，以节省存储空间、提高传输效率并保障数据的安全性。

（二）数据编码技术的分类与特点

　　数据编码技术根据其应用场景和编码方式的不同，可以分为多种类型。

以下是几种常见的数据编码技术及其特点：

1.文本编码技术：文本编码技术主要用于将字符信息转换为计算机可以识别的二进制代码。常见的文本编码有 ASCII 码、Unicode 码等。ASCII 码是一种基于拉丁字母的字符编码，用于表示英文字符、数字、标点符号等。Unicode 码则是一种跨平台的字符编码，可以表示世界上几乎所有语言的字符。

2.图像编码技术：图像编码技术用于将图像信息转换为计算机可以处理的数字信号。常见的图像编码有 JPEG、PNG 等。这些编码技术通过压缩算法将图像数据压缩为较小的文件，以便于存储和传输。同时，它们还可以保持图像的清晰度和质量。

3.音频编码技术：音频编码技术用于将音频信息转换为数字信号。常见的音频编码有 MP3、WAV 等。这些编码技术通过采样、量化等步骤将音频信号转换为数字信号，并通过压缩算法将其压缩为较小的文件。音频编码技术的发展使得人们可以方便地存储、传输和播放高质量的音频文件。

4.视频编码技术：视频编码技术用于将视频信息转换为数字信号。常见的视频编码有 H.264、H.265 等。这些编码技术通过压缩算法将视频数据压缩为较小的文件，同时保持视频的清晰度和流畅性。视频编码技术的发展使得人们可以在互联网上观看高清视频内容。

（三）数据编码技术的应用场景

数据编码技术在各个领域都有广泛的应用，以下是一些典型的应用场景：

1.计算机网络：在计算机网络中，数据编码技术用于实现数据的传输和交换。通过合理的数据编码，可以确保数据在传输过程中的准确性和完整性，并提高网络的传输效率和安全性。

2.数据库管理：在数据库管理中，数据编码技术用于实现对数据的分类、存储和检索。通过合理的数据编码，可以方便地对数据进行分类和存储，并实现对数据的快速检索和查询。

3.图像处理：在图像处理中，数据编码技术用于实现图像的压缩和传输。通过图像编码技术，可以将图像数据压缩为较小的文件，以便于存储和传输。同时，通过解码技术可以还原出原始图像的质量。

4.多媒体应用：在多媒体应用中，数据编码技术用于实现音频和视频的压缩和传输。通过音频和视频编码技术，可以将音频和视频数据压缩为较小的文件，以便于在互联网上进行传输和播放。

（四）数据编码技术的未来发展

随着技术的不断进步和应用场景的不断拓展，数据编码技术将继续发展和完善。未来数据编码技术的发展趋势主要包括以下几个方面：

1.高效压缩算法：随着数据量的不断增长，对压缩算法的要求也越来越高。未来的数据编码技术将致力于开发更高效的压缩算法，以实现对数据的更高压缩比和更好的图像质量。

2.标准化与兼容性：随着不同系统之间的数据交换和共享需求不断增加，数据编码技术的标准化和兼容性将变得越来越重要。未来的数据编码技术将致力于制定统一、标准的编码规范，以实现不同系统之间的无缝连接和数据共享。

3.安全性与隐私保护：随着网络安全问题的日益突出，数据编码技术的安全性和隐私保护将变得越来越重要。未来的数据编码技术将加强加密技术和身份验证机制的应用，以确保数据在传输和存储过程中的安全性和隐私性。

4.智能化与自适应编码：未来的数据编码技术将更加注重智能化和自适应

编码的应用。通过人工智能技术，可以根据不同的应用场景和数据特点，自动选择最合适的编码方式和参数设置，以实现更高效、更准确的数据编码和处理。

三、调制与解调过程

（一）调制过程的定义与原理

调制过程是指在通信系统中，将原始信号（如数字信号或模拟信号）转换为适合在信道中传输的已调信号的过程。其原理是通过改变载波信号的某些特性（如幅度、频率、相位等），将原始信号的信息加载到载波信号上，从而实现信号的传输。

在数字通信系统中，调制方式主要包括幅度调制（ASK）、频率调制（FSK）、相位调制（PSK）以及它们的组合形式，如正交幅度调制（QAM）。调制的目的在于提高信号的抗干扰能力、适应信道特性、提高频谱利用率等。

具体来说，幅度调制是通过改变载波信号的幅度来传递信息；频率调制则是通过改变载波信号的频率来传递信息；相位调制则是通过改变载波信号的相位来传递信息。这些调制方式各有特点，适用于不同的通信场景。

（二）解调过程的定义与原理

解调过程是调制的逆过程，即从已调信号中恢复出原始信号的过程。在接收端，解调器根据已知的调制方式和参数设置，通过相应的技术手段从已调信号中提取出原始信号的信息。

解调的原理在于利用已调信号与载波信号之间的相关性，通过滤波、检波、解调等步骤，还原出原始信号。解调过程中，解调器需要准确地识别出已调信号中的载波信号，并根据调制方式的不同，采用不同的解调方法。

对于幅度调制，解调器通常通过检波和滤波的方式提取出原始信号的幅度信息；对于频率调制，解调器则需要通过鉴频器或频率跟踪器来提取出原始信号的频率信息；对于相位调制，解调器则需要通过鉴相器或相位跟踪器来提取出原始信号的相位信息。

（三）调制与解调过程的应用场景

调制与解调过程在通信系统中有着广泛的应用。以下是一些典型的应用场景：

1.无线电通信：在无线电通信中，调制与解调是实现信号传输的关键技术。通过调制过程，将音频信号或数据信号加载到射频载波上，然后通过天线发射出去；在接收端，通过解调过程将射频信号还原为音频信号或数据信号。

2.光纤通信：在光纤通信中，调制与解调技术被用于将光信号转换为电信号或数字信号进行传输。常用的调制方式包括强度调制和相位调制等。

3.数字电视与广播：在数字电视与广播中，调制与解调技术被用于将数字信号转换为模拟信号进行传输。通过调制过程，将数字信号加载到射频载波上；在接收端，通过解调过程将射频信号还原为数字信号。

4.卫星通信：在卫星通信中，调制与解调技术同样发挥着重要作用。通过调制过程将地面站发送的信号加载到卫星转发器上；在接收端通过解调过程将卫星转发器发送的信号还原为原始信号。

（四）调制与解调技术的发展趋势

随着通信技术的不断发展，调制与解调技术也在不断进步。以下是一些调制与解调技术的发展趋势：

1.高效调制技术：为了提高频谱利用率和传输效率，研究人员正在开发更高效的调制技术。这些技术能够实现在有限的带宽内传输更多的信息，并且具有更好的抗干扰能力。

2. 自适应调制技术：自适应调制技术能够根据信道条件的变化自动调整调制方式和参数设置。这种技术能够最大限度地利用信道资源，提高通信系统的性能。

3. 多载波调制技术：多载波调制技术如 OFDM（Orthogonal Frequency Division Multiplexing，正交频分复用）已经被广泛应用于无线通信系统中。该技术通过将信道划分为多个子信道，并在每个子信道上使用不同的载波进行调制，从而提高了频谱利用率和传输效率。

4. 软件无线电技术：软件无线电技术通过软件来定义和实现无线通信系统中的各种功能，包括调制与解调过程。这种技术使得无线通信系统更加灵活和可配置，能够适应不同的通信需求和场景。

四、调制技术在现代通信中的应用

（一）调制技术在现代通信中的基础作用

调制技术在现代通信中扮演着至关重要的角色，它是实现信息有效传输的基础。通过调制，原始信号（如音频、视频、数据等）被转换成适合在特定通信媒介（如无线电波、光纤等）中传输的已调信号。这一过程确保了信号能够在复杂多变的通信环境中稳定、可靠的传输。

调制技术通过改变载波信号的幅度、频率或相位等参数，将原始信号的信息加载到载波上。在接收端，解调器能够准确地识别出已调信号中的载波信号，并还原出原始信号。这种技术不仅提高了信号的抗干扰能力，还使得信号能够在更远的距离上进行传输。

（二）调制技术在无线通信中的应用

在无线通信领域，调制技术得到了广泛应用。无线通信需要克服传输距离远、信道环境复杂等挑战，而调制技术正是解决这些问题的关键。

1.调频广播（FM）：调频广播是一种采用调频调制技术的广播方式，它通过改变载波的频率来传递音频信息。调频广播具有音质好、抗干扰能力强等优点，因此在广播领域得到了广泛应用。

2.扩频通信：扩频通信利用调制技术实现信号扩频，将窄带信息信号转换为宽带信号，以提高抗干扰能力和抗多径干扰能力。扩频通信在军事通信、卫星通信和无线通信等领域有着广泛应用。

3.数字微波通信：数字微波通信利用微波频段进行数字信号传输，通过调制技术将数字信号转换为适合微波传输的模拟信号。数字微波通信具有传输容量大、抗干扰能力强等优点，在移动通信、卫星通信和宽带接入等领域发挥着重要作用。

（三）调制技术在数字通信中的应用

在数字通信领域，调制技术同样具有重要应用价值。数字通信需要实现数字信号的可靠传输，而调制技术是实现这一目标的关键技术之一。

1.数字调制技术：数字调制技术包括幅度偏移键控（ASK）、频移键控（FSK）和相移键控（PSK）等。这些技术通过在载波信号上改变幅度、频率或相位来编码数字信息，从而实现数字信号的传输。数字调制技术具有抗干扰能力强、中继时噪声及色散的影响不积累等优点，因此能够实现长距离传输。

2.正交幅度调制（QAM）：QAM是一种高效的数字调制技术，它结合了幅度和相位调制，能够在有限的带宽内传输更多的信息。QAM技术广泛应用于 4G LTE、5G 等现代无线通信系统中，提高了系统的频谱利用率和传输效率。

3. 调制技术在数字信号处理中的应用：在数字信号处理领域，调制技术被用于实现信号的调制和解调过程。例如，在数字音频处理中，调制技术用于实现音频信号的压缩和解压缩；在数字图像处理中，调制技术用于实现图像的编码和解码等。

（四）调制技术的未来发展趋势

随着通信技术的不断发展，调制技术也在不断进步和创新。未来调制技术的发展趋势主要包括以下几个方面：

1. 高效调制技术的研发：为了满足日益增长的数据传输需求，研究人员将继续研发更高效的调制技术，以提高频谱利用率和传输效率。

2. 自适应调制技术的应用：自适应调制技术能够根据信道条件的变化自动调整调制方式和参数设置，以最大限度地利用信道资源。这种技术将在未来通信系统中得到广泛应用。

3. 多载波调制技术的发展：多载波调制技术如 OFDM 等已经在现代通信系统中得到了广泛应用。未来，随着 5G、6G 等新一代通信技术的发展，多载波调制技术将进一步完善和优化。

4. 软件无线电技术的应用：软件无线电技术通过软件来定义和实现无线通信系统中的各种功能，包括调制与解调过程。

第四节　物理层协议实践分析

一、Ethernet 物理层协议

（一）Ethernet 物理层协议概述

Ethernet（以太网）物理层协议是 Ethernet 协议栈中的最底层，负责处理与传输介质相关的所有活动。它定义了电缆规范、传输速度、接口类型以及如何在物理信道上传输数据位。Ethernet 物理层协议是 Ethernet 网络稳定、高效通信的基础，对于实现局域网内的数据交换具有重要意义。

Ethernet 物理层协议的主要特点包括：

1. 标准化程度高：Ethernet 物理层协议遵循 IEEE 802.3 标准，确保了不同厂商生产的 Ethernet 设备之间的互操作性。

2. 传输介质多样：支持多种传输介质，包括双绞线、同轴电缆和光纤等，适应不同的网络环境和需求。

3. 传输速度快：Ethernet 物理层协议支持多种传输速率，从最初的 10Mbps 发展到现在的 10Gbps、40Gbps 甚至更高，满足了不同应用场景下的带宽需求。

（二）Ethernet 物理层协议的主要功能

Ethernet 物理层协议的主要功能包括：

1. 数据编码与解码：将来自数据链路层的数据比特流转换为适合在物理信道上传输的信号，并在接收端将信号还原为比特流。

2. 比特同步：确保发送端和接收端的时钟同步，以便在正确的时刻接收和发送数据。

3. 错误检测：通过检测物理信道上的信号变化，识别并报告传输错误。

4. 流量控制：在物理层实现简单的流量控制机制，如背压（backpressure）等，以防止数据发送过快导致接收端缓冲区溢出。

（三）Ethernet 物理层协议的常见类型

Ethernet 物理层协议根据传输介质和传输速率的不同，可以分为多种类型，如：

1.10BASE-T：使用双绞线作为传输介质，传输速率为 10Mbps，是最常见的 Ethernet 物理层协议之一。

2.100BASE-TX：使用双绞线作为传输介质，传输速率为 100Mbps，适用于中小型局域网。

3.1000BASE-T（千兆以太网）：使用双绞线作为传输介质，传输速率为 1Gbps，广泛应用于大型数据中心和企业网络。

4.10GBASE-SR（万兆以太网）：使用多模光纤作为传输介质，传输速率为 10Gbps，适用于需要高速、长距离传输的场景。

（四）Ethernet 物理层协议的未来发展

随着云计算、大数据、物联网等技术的快速发展，对网络带宽和性能的要求越来越高。Ethernet 物理层协议作为网络通信的基础，其未来发展将主要体现在以下几个方面：

1. 更高带宽：为了满足不断增长的网络带宽需求，Ethernet 物理层协议将继续提高传输速率，如 40Gbps、100Gbps 甚至更高。

2. 智能化：通过引入人工智能技术，实现 Ethernet 物理层协议的智能化管理和优化，提高网络性能和可靠性。

3. 安全性：加强 Ethernet 物理层协议的安全性设计，防止物理层攻击和数据泄露等安全威胁。

4. 绿色节能：在保证网络性能的前提下，降低 Ethernet 物理层协议的能耗和碳排放，实现绿色可持续发展。

二、SONET/SDH 物理层协议

（一）SONET/SDH 物理层协议概述

SONET（Synchronous Optical Network，同步光纤网络）和 SDH（Synchronous Digital Hierarchy，同步数字系列）是两种在物理层提供同步数据传输的标准协议。SONET 是美国国家标准，而 SDH 是国际电信联盟（ITU）的国际标准，两者在技术上具有许多相似之处，都是为实现光纤通信中数据的高速、同步和可靠传输而设计的。

SONET/SDH 物理层协议定义了如何在光纤或其他物理介质上传输数据的一系列标准和规范，包括信号的传输速率、帧结构、复用方式、同步机制等。这些规范确保了不同厂商生产的设备能够无缝互连，共同构建高效、可靠的光纤通信网络。

（二）SONET/SDH 物理层协议的主要功能

1. 同步传输：SONET/SDH 通过内置的时钟同步机制，确保网络中的所有设备都按照统一的时钟频率进行数据传输，从而避免了数据包的丢失和乱序。

2. 高速传输：SONET/SDH 支持多种传输速率，从 STM-1（155Mbit/s）

到 STM-64（10Gbit/s）不等，满足了不同应用场景下的带宽需求。

3. 灵活复用：SONET/SDH 采用灵活的复用方式，可以将多个低速信号复用到一个高速信号中进行传输，提高了光纤的利用率。

4. 强大管理：SONET/SDH 提供了丰富的网络管理功能，包括故障检测、性能监控、配置管理等，帮助运营商快速定位和解决网络问题。

（三）SONET/SDH 物理层协议的关键技术

1. 帧结构：SONET/SDH 使用固定的帧结构来传输数据，每个帧都包含同步头、管理单元指针、净荷区和保护字节等部分。同步头用于实现帧同步，管理单元指针用于指示净荷区的起始位置，净荷区用于承载实际的数据信号。

2. 映射与复用：SONET/SDH 采用映射和复用技术将低速信号复用到高速信号中。映射是将低速信号适配到 SONET/SDH 帧的净荷区中的过程，而复用则是将多个映射后的信号组合成一个高速信号的过程。

3. 指针调整技术：SONET/SDH 采用指针调整技术来确保数据的准确传输。当网络中出现时钟偏差或数据丢失时，指针调整技术可以自动调整管理单元指针的位置，以恢复数据的同步和完整性。

4. 同步技术：SONET/SDH 采用内置的时钟同步机制来确保网络中的所有设备都按照统一的时钟频率进行数据传输。这种同步机制可以消除网络中的时钟偏差和抖动，提高数据传输的稳定性和可靠性。

（四）SONET/SDH 物理层协议的未来发展

随着通信技术的不断发展，SONET/SDH 物理层协议也在不断演进和完善。未来 SONET/SDH 的发展将主要体现在以下几个方面：

1. 更高带宽：为了满足不断增长的网络带宽需求，SONET/SDH 将继续提高传输速率，支持更高速率的数据传输。

2.智能化管理：通过引入人工智能技术，实现 SONET/SDH 网络的智能化管理和优化，提高网络的自动化水平和运行效率。

3.安全性增强：加强 SONET/SDH 网络的安全性设计，防止网络攻击和数据泄露等安全威胁。

4.绿色节能：在保证网络性能的前提下，降低 SONET/SDH 设备的能耗和碳排放，实现绿色可持续发展。

三、光纤通道物理层协议

（一）光纤通道物理层协议概述

FC（Fibre Channel，光纤通道）物理层协议是一种高速、低延迟的网络传输技术，专为需要高性能数据传输的应用而设计。它使用光纤作为传输介质，通过串行通信方式在节点之间传输数据。光纤通道物理层协议定义了光纤通道网络中物理层的基本特性，包括接口类型、传输速率、传输距离、信号编码等，以确保数据在光纤通道网络中的高效、可靠传输。

（二）光纤通道物理层协议的主要功能

1.高速数据传输：光纤通道物理层协议支持高达数十 Gbps 的传输速率，能够满足大规模数据传输和高性能计算的需求。

2.低延迟特性：光纤通道采用串行通信方式，减少了数据传输过程中的延迟，提高了系统的响应速度。

3.可靠传输：光纤通道物理层协议采用先进的信号编码和纠错技术，确保数据在传输过程中的完整性和准确性。

4.长距离传输：光纤通道支持长距离传输，能够满足跨地域、跨国家的数据传输需求。

（三）光纤通道物理层协议的关键技术

1. 光纤接口：光纤通道物理层协议定义了多种光纤接口类型，如 LC、SC、FC 等，以满足不同设备和应用场景的需求。这些接口具有良好的通用性和互换性，使得不同厂商的光纤通道设备能够无缝连接。

2. 传输速率：光纤通道物理层协议支持多种传输速率，如 1Gbps、2Gbps、4Gbps、8Gbps、16Gbps 等。随着技术的不断发展，更高速率的传输技术也在不断涌现。

3. 信号编码：光纤通道物理层协议采用先进的信号编码技术，如 8b/10b 编码、64b/66b 编码等。这些编码技术能够有效地降低传输误码率，提高数据的可靠性。

4. 帧结构：光纤通道物理层协议定义了帧结构，包括帧头、帧体和帧尾等部分。帧头包含了帧的同步信息、控制信息等，帧体则承载了实际的数据信息。帧结构的定义使得光纤通道网络能够高效地传输数据。

（四）光纤通道物理层协议的未来发展

1. 更高带宽：随着云计算、大数据等技术的不断发展，对数据传输带宽的需求也在不断增长。未来光纤通道物理层协议将继续提高传输速率，以满足更高速率的数据传输需求。

2. 更低功耗：在保持高性能的同时，降低功耗是未来光纤通道物理层协议发展的重要方向。通过采用先进的节能技术和优化算法，降低光纤通道设备的能耗，实现绿色通信。

3. 智能化管理：随着人工智能技术的不断发展，未来光纤通道物理层协议将实现更智能化的管理。通过引入人工智能技术，实现对光纤通道网络的自动化监控、故障预测和性能优化等功能。

4.多业务支持：未来光纤通道物理层协议将支持更多类型的数据业务传输，包括存储、计算、视频等。通过扩展光纤通道网络的功能和应用范围，满足更多领域的数据传输需求。

四、物理层协议之间的比较与选择

（一）物理层协议概述与比较

物理层协议是计算机网络体系结构中最底层的一部分，负责处理数据的物理传输。不同的物理层协议适用于不同的应用场景和传输需求。在Ethernet、SONET/SDH、光纤通道（FC）等物理层协议中，每种协议都有其独特的优势和适用场景。

Ethernet以其广泛的兼容性和成本效益而著称，适用于大多数局域网（LAN）环境。SONET/SDH则是专为长途传输和骨干网设计的，提供了高度的可靠性和同步性。光纤通道（FC）则以其高速、低延迟的特性在存储网络和数据中心等场景中占据重要地位。

（二）性能与带宽比较

Ethernet协议从最初的10Mbps发展到现在的10Gbps、40Gbps甚至更高，能够满足大多数局域网内的带宽需求。SONET/SDH则支持从STM-1（155Mbit/s）到STM-64（10Gbit/s）等多种传输速率，适用于骨干网和长途传输。光纤通道（FC）则提供了高达数十Gbps的传输速率，并且具有极低的延迟，非常适合需要高性能数据传输的存储网络和数据中心。

在选择物理层协议时，需要根据具体的应用场景和带宽需求进行评估。对于小型局域网或带宽需求不高的场景，Ethernet可能是一个更经济实用的选择。而对于需要高速、长距离传输或高可靠性的场景，SONET/SDH 或光纤通道（FC）可能更为合适。

（三）成本与兼容性考虑

Ethernet 作为最广泛应用的物理层协议之一，具有广泛的兼容性和较低的成本。大多数计算机和网络设备都支持 Ethernet 协议，因此其部署和维护成本相对较低。SONET/SDH 和光纤通道（FC）则可能需要更专业的设备和更高的成本投入。

然而，在某些特定场景下，如存储网络和数据中心等需要高性能数据传输的场景中，光纤通道（FC）可能是一个更好的选择。尽管其成本较高，但其高速、低延迟的特性能够带来更高的效率和可靠性。

第三章　数据链路层协议

第一节　数据链路层的功能与结构

一、数据链路层的基本功能

（一）帧的封装与解封

数据链路层的主要功能之一是帧的封装与解封。在数据链路层，数据被组合成数据块，即帧（Frame），以便于在物理链路上传输。帧的封装过程包括添加帧头和帧尾，帧头通常包含目标地址、源地址、协议类型等控制信息，而帧尾则用于帧的定界和差错检测。帧的解封则是接收端从物理链路上接收到帧后，去除帧头和帧尾，还原出原始数据的过程。

帧的封装与解封不仅实现了数据的逻辑分段和组合，还有助于在复杂的网络环境中区分和控制不同的数据流。此外，帧的封装还有助于实现数据的透明传输，即无论数据内容如何，都能够被正确地封装成帧进行传输。

（二）差错控制

数据链路层还负责实现差错控制功能，以确保数据在传输过程中的完整性和准确性。在物理链路上，由于信号衰减、干扰等因素，可能会导致数据在传输过程中出现错误。为了检测和纠正这些错误，数据链路层采用了一系列的差错控制技术，如循环冗余校验（CRC）、奇偶校验等。

具体来说，发送端在封装数据时，会根据一定的算法计算出数据的校验和，并将其添加到帧尾。接收端在接收到帧后，会重新计算帧中数据的校验和，并将其与帧尾中的校验和进行比较。如果两者不一致，则说明数据在传输过程中出现了错误，接收端会采取相应的措施，如丢弃该帧或请求发送端重传。

（三）流量控制

流量控制是数据链路层的另一个重要功能。在网络通信中，发送端和接收端的处理能力可能存在差异，如果发送端发送数据的速度过快，可能会导致接收端无法及时处理，从而造成数据丢失或网络拥塞。为了避免这种情况的发生，数据链路层采用了流量控制技术来限制发送端的数据发送速率。

流量控制技术通常包括停止等待协议、滑动窗口协议等。其中，停止等待协议是一种简单的流量控制技术，它要求发送端在发送完一个帧后必须等待接收端的确认信息才能继续发送下一个帧。而滑动窗口协议则是一种更高效的流量控制技术，它允许发送端在接收端确认之前发送多个帧，从而提高了数据的传输效率。

（四）链路管理

链路管理功能包括链路的建立、维持和释放。在数据传输之前，数据链路层需要建立与对端节点的逻辑链路连接。这通常包括发送连接请求、接收连接确认等步骤。在数据传输过程中，数据链路层需要持续监控链路的状态，以确保数据的可靠传输。如果链路出现故障或错误，数据链路层需要采取相应的措施来恢复链路或重新建立连接。在数据传输完成后，数据链路层需要释放与对端节点的逻辑链路连接，以释放系统资源。

链路管理功能对于保障网络通信的稳定性和可靠性具有重要意义。通过有效的链路管理，可以减少数据传输中的错误和故障，提高网络通信的质量和效率。

二、数据链路层在通信中的角色

（一）数据封装与传输

数据链路层在通信中扮演着至关重要的角色，首要任务就是将来自网络层的数据包（Packet）封装成适合物理层传输的帧（Frame）。这个过程涉及到在数据包前后添加帧头和帧尾，帧头中包含了必要的控制信息，如源地址、目标地址、帧类型等，以便于接收端能够正确解析和识别。帧尾则通常包含用于差错检测的校验信息。

在数据封装的过程中，数据链路层还负责数据的透明传输。这意味着无论上层数据的内容如何，数据链路层都能够将其封装成帧进行传输，而不会受到数据内容的影响。这种透明性保证了数据的完整性和准确性，使得数据能够在各种不同的网络环境中进行传输。

（二）差错检测与纠正

在通信过程中，由于物理线路的不稳定、设备故障等因素，数据在传输过程中可能会出现错误。数据链路层通过添加帧尾校验信息等方式，实现了对传输数据的差错检测。一旦检测到数据存在错误，数据链路层会采取相应的措施进行纠正，如请求重传、丢弃错误帧等。

此外，数据链路层还提供了差错纠正的功能。通过采用一定的纠错编码技术，如循环冗余校验（CRC）等，数据链路层能够在接收端检测到数据错误后，根据校验信息对错误进行纠正，从而提高了数据传输的可靠性。

（三）流量控制与拥塞避免

数据链路层还负责实现流量控制和拥塞避免的功能。在网络通信中，如果发送端发送数据的速度过快，而接收端处理数据的能力有限，就可能导致接收端无法及时处理数据，从而造成数据丢失或网络拥塞。为了避免这种情况的发生，数据链路层采用了流量控制技术来限制发送端的数据发送速率。

流量控制技术通常包括停止等待协议、滑动窗口协议等。这些协议能够在发送端和接收端之间建立一个动态的窗口机制，根据接收端的处理能力动态调整发送端的数据发送速率。当接收端处理能力下降时，发送端会减小数据发送速率；当接收端处理能力提高时，发送端会增大数据发送速率。通过这种方式，数据链路层能够有效地实现流量控制和拥塞避免。

（四）链路管理与维护

数据链路层还负责实现链路的管理与维护功能。这包括链路的建立、维持和释放等过程。在数据传输之前，数据链路层需要建立与对端节点的逻辑链路连接。这通常涉及到发送连接请求、接收连接确认等步骤。在连接建立后，数据链路层需要持续监控链路的状态，以确保数据的可靠传输。如果链路出现故障或错误，数据链路层需要采取相应的措施来恢复链路或重新建立连接。

此外，数据链路层还需要对链路进行维护，以确保链路的稳定性和可靠性。这包括定期发送测试帧来检测链路的连通性、使用链路层协议来管理链路上的设备等。通过这些措施，数据链路层能够有效地实现链路的管理与维护功能，为网络通信提供稳定可靠的链路支持。

三、数据链路层的主要结构组件

（一）概述

数据链路层作为 OSI 模型中的第二层，其主要任务是确保本地网络内的设备之间可靠、高效地传输数据。为实现这一目的，数据链路层包含了一系列的结构组件，这些组件共同协作，完成了帧的封装、差错控制、流量控制以及链路管理等关键功能。

（二）帧封装与解封组件

帧封装与解封组件是数据链路层的核心组件之一。其主要职责是将来自网络层的数据包封装成适合物理层传输的帧，并在接收端将帧解封还原为原始数据包。该组件在封装过程中会添加帧头和帧尾，帧头包含了目标地址、源地址、协议类型等控制信息，而帧尾则用于帧的定界和差错检测。帧解封过程则是帧封装的逆过程，通过去除帧头和帧尾，还原出原始数据包。

帧封装与解封组件确保了数据的正确封装和传输，为网络通信提供了基础保障。此外，该组件还具备数据透明传输的能力，即无论上层数据的内容如何，都能够被正确地封装成帧进行传输。

（三）差错控制组件

差错控制组件是数据链路层中用于检测和纠正传输错误的组件。该组件通过添加帧尾校验信息等方式，实现了对传输数据的差错检测。一旦检测到数据存在错误，差错控制组件会采取相应的措施进行纠正，如请求重传、丢弃错误帧等。

差错控制组件的主要目的是提高数据传输的可靠性。通过采用循环冗余校验（CRC）等纠错编码技术，该组件能够在接收端检测到数据错误后，根据校验信息对错误进行纠正。此外，差错控制组件还具备错误统计和报告功能，能够为网络管理员提供有关网络错误情况的统计数据，帮助管理员及时发现和解决网络问题。

（四）流量控制与拥塞避免组件

流量控制与拥塞避免组件是数据链路层中用于管理数据传输速率的组件。该组件通过采用停止等待协议、滑动窗口协议等流量控制技术，限制发送端的数据发送速率，以防止接收端因处理能力不足而导致的数据丢失或网络拥塞。

流量控制与拥塞避免组件的主要目的是优化网络性能。通过动态调整发送端的数据发送速率，该组件能够确保网络中的数据传输始终处于最佳状态。当接收端处理能力下降时，发送端会减小数据发送速率；当接收端处理能力提高时，发送端会增大数据发送速率。通过这种方式，流量控制与拥塞避免组件能够有效地平衡网络中的数据传输速率，提高网络的吞吐量和响应时间。

（五）链路管理与维护组件

链路管理与维护组件是数据链路层中用于建立、维持和释放链路连接的组件。该组件在数据传输之前负责建立与对端节点的逻辑链路连接，并在数据传输过程中持续监控链路状态以确保数据的可靠传输。如果链路出现故障或错误，链路管理与维护组件会采取相应的措施来恢复链路或重新建立连接。

链路管理与维护组件的主要目的是确保网络的稳定性和可靠性。通过定期发送测试帧来检测链路的连通性、使用链路层协议来管理链路上的设备等措施，该组件能够及时发现并解决链路故障和错误问题。此外，链路管理与维护组件还具备链路状态统计和报告功能，能够为网络管理员提供有关链路状态的实时信息，帮助管理员更好地了解网络运行状况并进行相应的优化和调整。

四、数据链路层与物理层、网络层的关系

（一）数据链路层与物理层的关系

数据链路层与物理层在网络通信中紧密相连，共同为数据的传输提供底层支持。物理层作为 OSI 模型中的第一层，负责处理与传输介质相关的所有特性，包括电压、电缆规格、集线器、中继器、网卡、光缆等的物理特性和电气特性。而数据链路层则建立在物理层之上，通过物理层提供的服务来实现数据的封装、传输、差错控制等功能。

1. 数据传输的依赖关系：物理层为数据链路层提供了比特流的传输服务，即物理连接。数据链路层通过物理层传输的比特流来传输数据帧，从而实现了数据的可靠传输。物理层的任何故障或不稳定因素都可能影响到数据链路层的正常工作。

2. 帧的封装与传输：数据链路层在接收到来自网络层的数据包后，会将其封装成帧，并添加帧头和帧尾等信息。这些帧随后会通过物理层提供的物理连接进行传输。在接收端，数据链路层会负责从物理层接收到的比特流中提取出帧，并进行解封和校验等操作。

3. 差错控制与纠错：虽然物理层提供了比特流的传输服务，但由于物理线路的不稳定、设备故障等因素，数据在传输过程中可能会出现错误。数据链路层通过添加帧尾校验信息等方式实现了对传输数据的差错检测。一旦检测到数据存在错误，数据链路层会采取相应的措施进行纠正或请求重传。

（二）数据链路层与网络层的关系

数据链路层与网络层在网络通信中分工明确、相互协作，共同实现数据的可靠传输和路由选择等功能。

1. 数据包传输与封装：网络层负责将数据从源主机传输到目标主机，并确定数据的传输路径和寻址。在传输过程中，网络层会将数据分割成适当大小的数据包，并添加必要的控制信息（如 IP 地址等）。而数据链路层则负责将网络层生成的数据包封装成帧，并在物理链路上进行传输。接收端的数据链路层会将接收到的帧解封成数据包，并传递给网络层进行处理。

2. 寻址与路由选择：网络层使用 IP 地址来标识网络中的节点，而数据链路层则使用 MAC 地址来标识物理设备。当数据从源主机传输到目标主机时，网络层会根据 IP 地址进行路由选择，将数据包发送到下一个中间节点（如路由器）。而数据链路层则负责将数据包封装成帧，并通过物理链路发送到相邻的下一个节点。在传输过程中，每个节点都会根据 MAC 地址进行转发，直到数据包到达目标主机。

3. 协议与服务：数据链路层和网络层都有各自的协议和服务。例如，数据链路层的主要协议包括 PPP 协议、以太网协议等，而网络层的主要协议包括 IP 协议、ICMP 协议等。这些协议共同协作，确保数据的可靠传输和路由选择。同时，数据链路层为网络层提供服务，实现了不同层次之间的交互。例如，数据链路层提供的差错控制和流量控制等服务有助于网络层实现更可靠的数据传输。

（三）三者之间的协作关系

物理层、数据链路层和网络层在网络通信中相互协作、共同发挥作用。物理层为数据链路层提供了比特流的传输服务，而数据链路层则通过物理层传输的比特流来传输数据帧。同时，数据链路层为网络层提供了服务，实现了不同层次之间的交互。网络层则负责将数据从源主机传输到目标主机，并确定数据的传输路径和寻址。这三个层次共同协作，确保了数据的可靠传输和高效路由选择。

数据链路层在 OSI 模型中处于物理层和网络层之间，与这两层有着密切的联系和协作关系。数据链路层通过物理层提供的物理连接传输数据帧，并通过添加帧头和帧尾等信息实现了数据的封装和传输。同时，数据链路层还负责差错控制和流量控制等功能，确保数据的可靠传输。而网络层则负责将数据从源主机传输到目标主机，并确定数据的传输路径和寻址。这两个层次共同协作，实现了数据的可靠传输和高效路由选择。

第二节　差错控制与流量控制

一、差错控制的基本概念

差错控制是通信和数据传输中确保信息准确性的关键技术，其目的在于检测和纠正由于各种因素（如噪声、干扰、设备故障等）引起的数据传输错误。下面将从四个方面对差错控制的基本概念进行详细分析。

（一）差错控制的背景与意义

随着通信技术的快速发展，数据传输的准确性和可靠性成为了衡量通信系统性能的重要指标。在数据传输过程中，由于物理信道的不完善、设备故障等因素，数据可能会出现错误，如位翻转、丢失或重复等。这些错误不仅会影响数据的完整性，还可能导致通信系统的性能下降甚至失效。因此，差错控制技术的出现和应用，对于保障数据传输的准确性和可靠性具有重要意义。

（二）差错控制的原理与方法

差错控制的原理主要基于冗余信息的添加和校验机制。通过在发送端对数据添加冗余信息（如校验位、校验码等），接收端可以利用这些冗余信息对接收到的数据进行校验，从而检测并纠正数据传输中的错误。常见的差错控制方法包括奇偶校验、循环冗余校验（CRC）、海明码等。这些方法各有优缺点，可以根据具体的应用场景和需求进行选择。

1.奇偶校验：通过统计数据位中1的个数，并在帧尾添加一位校验位，使得整个帧中1的个数为奇数或偶数。接收端通过重新统计1的个数并与校验位进行比较，从而判断数据是否出现错误。奇偶校验方法简单易实现，但只能检测出奇数位数的错误，对于偶数位数的错误则无法检测。

2.循环冗余校验（CRC）：利用多项式除法对数据进行处理，得到一个余数作为校验码附加在数据后面。接收端使用相同的多项式对接收到的数据进行除法运算，如果余数为零，则认为数据正确；否则认为数据存在错误。CRC方法具有较高的检错能力，能够检测出多位数的错误，并且具有一定的纠错能力。

3.海明码：通过在数据中添加冗余信息（即校验位），实现错误的检测和纠正。海明码通过特定的编码方式将数据位和校验位进行组合，使得在接收端可以通过校验位的计算来检测并纠正数据中的错误。海明码具有较强的纠错能力，但实现过程相对复杂。

（三）差错控制的应用场景

差错控制技术广泛应用于各种通信系统和数据传输场景中，如计算机网络、无线通信、卫星通信等。在这些场景中，数据传输的准确性和可靠性对于系统的正常运行至关重要。通过采用合适的差错控制技术，可以有效地提高数据传输的准确性和可靠性，降低错误率，保障通信系统的正常运行。

（四）差错控制的未来发展趋势

随着通信技术的不断发展和应用场景的不断拓展，差错控制技术也将不断发展和完善。未来差错控制技术的发展趋势可能包括以下几个方面：

1.更高的检错和纠错能力：随着数据传输速率的不断提高和传输距离的不断增加，对于差错控制技术的检错和纠错能力提出了更高的要求。未来差错控制技术将不断提高其检错和纠错能力，以满足更高要求的数据传输场景。

2.更低的实现复杂度：随着硬件技术的不断发展和优化，未来差错控制技术的实现复杂度将不断降低。这将有助于降低通信系统的成本和提高系统的可靠性。

3.更好的适应性和可扩展性：未来差错控制技术将更好地适应各种复杂多变的通信环境和应用场景。同时，随着新技术和新应用的不断涌现，差错控制技术也需要具备更好的可扩展性，以支持更多的通信协议和应用需求。

二、差错检测与纠正技术

差错检测与纠正技术是通信系统中至关重要的组成部分，它们确保了数据在传输过程中的准确性和完整性。随着通信技术的快速发展，数据传输的速率和复杂性不断提高，对差错检测与纠正技术的要求也日益增加。本小节将从两个方面对差错检测与纠正技术进行详细分析：

（一）差错检测与纠正技术的原理

差错检测与纠正技术主要基于冗余信息的添加和校验机制。在数据传输过程中，发送端会在原始数据中添加一些额外的信息（即冗余信息），这些冗余信息被用来在接收端检测并纠正可能发生的错误。

1.差错检测：差错检测是通过在数据中添加特定的冗余信息（如校验位、

校验码等）来实现的。接收端会利用这些冗余信息对接收到的数据进行校验，从而判断数据在传输过程中是否发生错误。常见的差错检测方法包括奇偶校验、分组校验（如校验和法、循环冗余校验 CRC）等。

2.差错纠正：当检测到数据存在错误时，差错纠正技术会尝试恢复原始数据。一种常见的差错纠正技术是 FEC（Forward Error Correction，前向纠错），它通过在数据中添加足够的冗余信息，使得接收端能够直接根据这些冗余信息纠正错误。另一种常见的差错纠正技术是 ARQ（AutomaticRepeatreQuest，自动请求重发），它要求接收端在检测到错误时向发送端发送一个重发请求，发送端在收到请求后重新发送数据。

（二）差错检测与纠正技术的应用

差错检测与纠正技术在通信系统和数据传输领域有着广泛的应用，包括但不限于以下几个方面：

1.无线通信：在无线通信系统中，由于信道环境复杂和无线传输特性，数据传输容易受到噪声、干扰和衰落等因素的影响。差错检测与纠正技术能够提供可靠的数据传输，降低误码率，提高通信质量。

2.计算机网络：在计算机网络中，数据包的传输需要经过多个节点和链路，极易受到丢包、位翻转和延迟等问题的影响。差错检测与纠正技术可以确保数据的完整性和正确性，保证数据在网络中的可靠传输。

3.存储系统：在存储系统中，如硬盘驱动器和闪存存储器等设备，数据读写过程中可能出现位翻转、丢失或损坏的情况。差错检测与纠正技术可以有效检测和纠正这些错误，保证数据的可靠存储和读取。

三、流量控制的方法与策略

流量控制是网络通信中确保网络稳定、高效运行的重要技术之一。它主要关注如何有效地管理和调节网络中的数据流量，以防止网络拥塞、提高网络带宽利用率，并为用户提供更好的服务质量。本小节将从三个方面对流量控制的方法与策略进行详细分析。

（一）流量控制的基本原理

流量控制的基本原理是通过限制网络中的数据流量，确保网络中的数据包能够按照预定的方式、速度和顺序进行传输。它涉及到对数据包的处理、转发和调度等多个方面，旨在实现网络资源的合理分配和高效利用。

1. 数据包处理：流量控制首先需要对网络中的数据包进行处理，包括数据包的识别、分类和优先级设定等。通过对数据包的分析，流量控制可以了解网络中的数据流量分布和传输情况，为后续的控制策略提供依据。

2. 数据包转发：在数据包处理的基础上，流量控制需要根据一定的规则和策略，将数据包转发到目标地址。这涉及到对数据包路径的选择、转发节点的确定以及转发时机的把握等方面。

3. 数据包调度：数据包调度是流量控制的核心环节之一。它需要根据网络的实际情况和用户需求，对数据包进行合理的调度和排序，以确保数据包能够按照预定的顺序和速度进行传输。

（二）流量控制的主要方法与策略

1. 拥塞控制：拥塞控制是流量控制的重要手段之一。它通过监测网络中的拥塞情况，动态调整数据包的发送速率和转发策略，以缓解网络拥塞、提高网络带宽利用率。常见的拥塞控制算法包括慢开始、拥塞避免、快重传和快恢复等。

2. 流量整形：流量整形是通过对数据包进行缓冲和延迟处理，使数据包按照预定的速率进行传输。它可以有效地控制网络中的数据流量，防止数据包的突发传输对网络造成冲击。流量整形通常与队列管理算法相结合使用，以实现更精细的流量控制。

3. 优先级调度：优先级调度是根据数据包的优先级进行调度和转发的一种策略。它可以根据数据包的类型、来源或目的地等因素，为不同优先级的数据包分配不同的带宽和转发优先级。优先级调度可以确保重要数据包的优先传输，提高网络的服务质量。

4. 负载均衡：负载均衡是通过将网络中的数据流量分散到多个节点或链路上进行传输，以实现网络资源的均衡利用。它可以通过多种方式实现，如基于 DNS 的负载均衡、基于 IP 的负载均衡以及基于内容的负载均衡等。负载均衡可以有效地提高网络的吞吐量和可靠性，降低单个节点或链路的负载压力。

（三）流量控制的未来发展趋势

随着网络技术的不断发展和应用场景的不断拓展，流量控制也将面临新的挑战和机遇。未来流量控制的发展趋势包括以下几个方面：

1. 智能化流量控制：随着人工智能和大数据技术的不断发展，未来的流量控制将更加智能化。通过利用大数据分析和机器学习技术，流量控制可以更加准确地预测网络流量趋势和拥塞情况，并自动调整控制策略以适应网络变化。

2. 精细化流量管理：未来的流量控制将更加注重对流量的精细化管理。通过采用更先进的队列管理算法和流量整形技术，流量控制可以更加精确地控制网络中的数据流量，提高网络带宽利用率和服务质量。

3. 虚拟化与云化流量控制：随着云计算和虚拟化技术的不断发展，未来的流量控制将更加虚拟化和云化。通过将流量控制功能集成到云计算平台和虚拟化环境中，可以实现更加灵活、可扩展的流量控制解决方案，满足不同应用场景的需求。

四、差错控制与流量控制的实际应用

差错控制与流量控制作为通信和数据传输中的核心技术，其实际应用广泛且深入。无论是在传统的有线通信，还是在日益发展的无线通信、计算机网络等领域，它们都在确保数据传输的准确性和网络的高效运行方面发挥着重要作用。以下将从两个方面分析差错控制与流量控制的实际应用。

（一）差错控制的实际应用

1. 无线通信中的差错控制

在无线通信中，由于信道环境的复杂性和无线传输的特殊性，数据传输容易受到噪声、干扰和衰落等因素的影响，导致数据传输错误。因此，差错控制技术在无线通信中尤为重要。例如，在无线传感器网络中，为了保证数据的正确性和可靠性，常常采用循环冗余校验（CRC）或海明码等差错控制方法，通过添加冗余信息来检测和纠正数据传输中的错误。

2. 计算机网络中的差错控制

在计算机网络中，差错控制主要体现在数据链路层和网络层。数据链路层通过帧同步、帧定界、差错检测等技术，确保数据帧在物理链路上传输的准确性和完整性。而网络层则通过 IP 校验和等技术，对 IP 数据报进行差错检测。此外，传输控制协议（TCP）通过序列号、确认应答、超时重传等机制，实现了端到端的差错控制，确保数据在复杂多变的网络环境中可靠传输。

3. 存储系统中的差错控制

在存储系统中，如硬盘驱动器和闪存存储器等设备，数据读写过程中可能出现位翻转、丢失或损坏的情况。为了保证数据的可靠存储和读取，存储系统通常采用差错控制技术，如奇偶校验、ECC（错误检查和纠正）等。这些技术通过添加冗余信息，在数据读写过程中检测和纠正错误，确保数据的完整性和正确性。

（二）流量控制的实际应用

1.拥塞控制机制

在计算机网络中，拥塞控制是流量控制的重要组成部分。当网络中出现拥塞时，路由器或交换机等网络设备会采用拥塞控制算法，如慢开始、拥塞避免、快重传和快恢复等，动态调整数据包的发送速率和转发策略，以缓解网络拥塞、提高网络带宽利用率。

2.流量整形与优先级调度

流量整形和优先级调度是流量控制的两种重要策略。流量整形通过缓冲和延迟处理，使数据包按照预定的速率进行传输，防止数据包的突发传输对网络造成冲击。而优先级调度则根据数据包的优先级进行调度和转发，确保重要数据包的优先传输，提高网络的服务质量。

3.负载均衡技术

负载均衡技术通过将网络中的数据流量分散到多个节点或链路上进行传输，实现网络资源的均衡利用。它可以根据网络的实际情况和用户需求，动态调整数据流量的分配策略，提高网络的吞吐量和可靠性。在云计算和数据中心等场景中，负载均衡技术得到了广泛应用。

差错控制与流量控制作为通信和数据传输中的核心技术，其实际应用广泛且深入。随着通信技术的不断发展和应用场景的不断拓展，差错控制与流量控制将继续发挥重要作用。未来，随着人工智能、大数据等技术的不断发展，差错控制与流量控制将更加智能化、精细化，为通信和数据传输提供更加可靠、高效的保障。

第三节 数据链路层协议分类

一、面向字符的链路层协议

(一) 概述

面向字符的链路层协议(也称为"字符填充的首位定界符法")是数据链路层协议的一种重要类型。在这种协议中,数据帧中的数据被视为字符序列,所有的控制信息也都以字符形式存在。这种协议通常用于广域网(WAN)中,如 IBM BSC (Binary Synchronous Communication,二进制同步通信)和 PPP 就是典型的面向字符的链路层协议。

面向字符的链路层协议具有以下特点:

1. 数据表示:数据帧中的数据和控制信息都以字符为单位进行传输和处理。

2. 帧定界:数据帧的开头和结尾通过特定的字符(如 SYN 和 ETX)进行标识,以便接收端能够准确地识别帧的开始和结束。

3. 透明传输:为了解决数据中的字符与控制字符冲突的问题,采用字符填充技术(如 DLE 转义字符)来确保数据的透明传输。

(二) 工作原理

面向字符的链路层协议的工作原理主要包括以下几个步骤:

1. 建立连接:在数据传输之前,发送端和接收端通过交换特定的控制字符来建立数据链路连接。

2. 帧传输:发送端将网络层传来的数据封装成帧,并在帧头和帧尾添加控制字符，然后通过物理层将数据帧发送到接收端。

3. 帧接收与校验：接收端收到数据帧后，首先检查帧头和帧尾的控制字符，以验证帧的完整性和正确性。然后，接收端根据帧中的数据和控制字符进行相应的处理。

4. 释放连接：数据传输完成后，发送端和接收端通过交换特定的控制字符来释放数据链路连接。

（三）技术特点

面向字符的链路层协议具有以下技术特点：

1. 字符传输：数据以字符为单位进行传输，便于进行字符级别的错误检测和纠正。

2. 帧定界符：通过特定的字符进行帧的定界，使得接收端能够准确地识别帧的开始和结束。

3. 透明传输：采用字符填充技术实现数据的透明传输，确保数据在传输过程中的完整性和正确性。

4. 控制字符：使用控制字符来标识帧的开头、结尾、转义等关键信息，使得数据传输更加灵活和可靠。

（四）应用与发展

面向字符的链路层协议在广域网（WAN）和点对点通信中得到了广泛的应用。随着网络技术的不断发展，面向字符的链路层协议也在不断演进和改进。例如，PPP 协议作为一种广泛使用的面向字符的链路层协议，已经支持多种网络层协议和认证机制，并且在各种网络环境中都得到了良好的应用。未来，随着网络技术的进一步发展和应用需求的不断增加，面向字符的链路层协议将继续发挥重要作用，并不断适应新的网络环境和应用需求。

二、面向比特的链路层协议

（一）概述

面向比特的链路层协议是一种重要的数据链路层协议类型，它以比特（bit）为单位进行数据传输和处理。与面向字符的链路层协议不同，面向比特的链路层协议不依赖于特定的字符编码集，能够实现对任何比特流的透明传输。HDLC 是面向比特链路层协议的一个典型代表，它在广域网、局域网和移动通信网络中都得到了广泛应用。

面向比特的链路层协议具有以下几个显著特点：

1. 比特传输：数据以比特为单位进行传输，无须转换为字符序列，从而提高了数据传输的效率和灵活性。

2. 透明传输：由于不依赖于特定的字符编码集，因此能够实现对任何比特流的透明传输，无需进行复杂的字符填充或转义处理。

3. 帧同步：通过特定的帧同步字段来标识数据帧的开始和结束，确保接收端能够准确地识别数据帧的边界。

（二）工作原理

面向比特的链路层协议的工作原理主要包括以下几个步骤：

1. 帧同步：在数据传输之前，发送端和接收端通过特定的帧同步字段来建立帧同步关系。帧同步字段通常包含一个或多个特殊的比特序列，用于标识数据帧的开始。

2. 数据传输：发送端将数据封装成帧，并在帧头和帧尾添加必要的控制信息（如帧类型、帧长度等），然后通过物理层将数据帧发送到接收端。接收端在接收到数据帧后，首先检查帧头和帧尾的控制信息，以验证帧的完整性和正确性。

3. 帧处理：接收端根据帧中的控制信息对数据进行相应的处理。例如，对于信息帧（I帧），接收端会将其中的数据部分传递给网络层；对于监控帧（S帧）和无编号帧（U帧），接收端会执行相应的控制操作（如流量控制、链路管理等）。

4. 错误检测与恢复：面向比特的链路层协议通常采用CRC（Cyclic Redundancy Check，循环冗余校验）等算法对数据进行错误检测。当检测到错误时，接收端会向发送端发送错误报告，并请求重传错误的数据帧。发送端在收到错误报告后，会重新发送错误的数据帧，以确保数据的正确传输。

（三）技术特点

面向比特的链路层协议具有以下技术特点：

1. 高效性：以比特为单位进行数据传输和处理，无需进行字符编码和解码操作，从而提高了数据传输的效率和速度。

2. 透明性：不依赖于特定的字符编码集，能够实现对任何比特流的透明传输，无需进行复杂的字符填充或转义处理。

3. 可靠性：通过帧同步字段和CRC校验等机制来确保数据帧的完整性和正确性，提高了数据传输的可靠性。

4. 灵活性：支持多种帧类型和控制操作，能够满足不同网络环境和应用需求下的数据传输需求。

（四）应用与发展

面向比特的链路层协议在广域网、局域网和移动通信网络中都得到了广泛应用。例如，在广域网中，HDLC协议被广泛应用于X.25、帧中继（Frame Relay）和ATM等网络中；在局域网中，以太网（Ethernet）协议也采用了类似的帧结构和控制机制。随着网络技术的不断发展，面向比特的链路层协议也在不断演进和改进。例如，为了更好地支持高速数据传输和网络安全需求，一些新的面向比特的链路层协议（如 MPLS、RPR 等）被提出并得到了广泛应用。未来，随着网络技术的进一步发展和应用需求的不断增加，面向比特的链路层协议将继续发挥重要作用，并不断适应新的网络环境和应用需求。

三、无线链路层协议

（一）概述

无线链路层协议是专门为无线网络环境设计的链路层协议，它负责在无线介质上实现数据的可靠传输。随着无线通信技术的快速发展，无线链路层协议在移动通信、WLAN、WSN 等领域得到了广泛应用。无线链路层协议的主要功能包括数据封装、帧同步、差错控制、流量控制等，以确保无线数据通信的可靠性和高效性。

无线链路层协议与有线链路层协议相比，具有一些独特的特点。首先，无线链路层协议需要应对无线环境中的信号衰减、干扰和多径传播等问题，以确保数据的可靠传输。其次，无线链路层协议需要支持移动性管理，以处理节点在无线网络中的移动和切换。最后，无线链路层协议还需要考虑节能和安全性等因素，以适应不同无线网络的应用场景。

（二）工作原理

无线链路层协议的工作原理主要包括以下几个方面：

1. 帧同步：在无线环境中，帧同步是一个关键问题。无线链路层协议通常使用特定的帧同步字段或前导码来标识数据帧的开始，以便接收端能够准确地识别帧的边界。

2. 数据封装：无线链路层协议将上层数据封装成帧，并在帧头和帧尾添加必要的控制信息，如帧类型、帧长度、地址信息等。这些控制信息有助于接收端正确地解析和处理数据帧。

3. 差错控制：无线环境中的干扰和信号衰减可能导致数据传输出现错误。无线链路层协议采用各种差错控制机制（如 CRC 校验、ARQ 等）来检测和纠正数据传输中的错误。

4. 流量控制：无线链路层协议还需要实现流量控制功能，以避免数据发送过快而导致接收端缓冲区溢出。流量控制可以通过调整发送速率、使用滑动窗口等方式实现。

（三）技术特点

无线链路层协议具有以下技术特点：

1. 适应性：无线链路层协议需要适应无线环境中的各种变化，如信号强度、干扰水平等。它通常具有自适应性，能够根据不同的无线环境调整其参数和策略。

2. 移动性支持：无线链路层协议需要支持节点的移动性管理。当节点在无线网络中移动时，无线链路层协议需要确保数据的连续性和可靠性，同时处理节点的切换和漫游等问题。

3. 节能性：无线设备通常受到能源限制，因此无线链路层协议需要考虑节能问题。它可以通过优化数据传输策略、使用节能模式等方式来降低设备的能耗。

4. 安全性：无线链路层协议需要提供安全机制来保护数据传输的机密性、完整性和可用性。这包括加密、认证、访问控制等安全功能。

（四）应用与发展

无线链路层协议在移动通信、无线局域网（WLAN）、无线传感器网络（WSN）等领域得到了广泛应用。随着无线通信技术的不断发展，无线链路层协议也在不断演进和改进。例如，5G 技术为无线链路层协议带来了更高的传输速率、更低的延迟和更大的容量，使得无线数据通信更加高效和可靠。同时，随着物联网和智能设备的普及，无线链路层协议也需要支持更多的应用场景和设备类型，以满足不断增长的市场需求。未来，无线链路层协议将继续发展，以适应新的无线通信技术、应用场景和设备类型的需求。

四、特殊应用中的链路层协议

（一）概述

在特定的网络应用环境中，链路层协议需要满足特定的需求和约束，以支持高效、可靠的数据传输。这些特殊应用可能包括车载网络、工业自动化、航空航天通信等。特殊应用中的链路层协议通常针对特定环境进行优化，提供高可靠性、低延迟、高安全性等特性。以下将从三个方面分析特殊应用中的链路层协议：

（二）技术特点

1. 定制化设计：特殊应用中的链路层协议通常根据具体应用场景进行定制化设计。例如，车载网络中的链路层协议需要支持高速移动和快速响应，以满足车辆安全系统的要求。工业自动化中的链路层协议则需要支持实时通信和可靠性，以确保生产线的正常运行。

2. 高效性：为了满足特殊应用对数据传输效率的需求，链路层协议通常采用高效的数据传输策略。例如，通过优化帧结构、减少帧头开销、采用流量控制和差错控制机制等方式，提高数据传输的吞吐量和可靠性。

3.安全性：特殊应用中的链路层协议通常包含严格的安全机制，以保护数据传输的机密性、完整性和可用性。这可能包括数据加密、身份认证、访问控制等安全措施，以防止数据泄露、篡改和未授权访问。

4.可扩展性：为了适应未来网络技术的发展和应用需求的变化，特殊应用中的链路层协议需要具备良好的可扩展性。这包括支持新的网络协议、新的物理介质和新的应用场景等。

（三）应用场景

1.车载网络：车载网络中的链路层协议需要支持高速移动和快速响应。例如，CAN（Controller Area Network，控制器局域网）协议是一种广泛应用于车载网络的链路层协议，它采用广播通信方式，支持多主节点通信，并具备高可靠性和低延迟特性。

2.工业自动化：工业自动化中的链路层协议需要支持实时通信和可靠性。例如，EtherCAT 协议是一种高速以太网解决方案，用于工业自动化领域的数据传输。它采用主从通信方式，支持多节点同时通信，并具有低延迟和高可靠性的特点。

3.航空航天通信：航空航天通信中的链路层协议需要支持长距离传输和高可靠性。例如，MIL-STD-1553B 协议是一种广泛应用于航空航天领域的链路层协议，它采用命令 / 响应的通信方式，支持多节点通信，并具备高可靠性和容错性。

（四）发展趋势

随着网络技术的不断发展和应用需求的不断增加，特殊应用中的链路层协议将呈现以下发展趋势：

1.智能化：随着人工智能和物联网技术的发展，特殊应用中的链路层协议将越来越智能化。通过引入智能算法和机器学习技术，链路层协议可以自适应地调整参数和策略，以优化数据传输性能。

2.安全性增强：随着网络安全威胁的不断增加，特殊应用中的链路层协议将更加注重安全性。通过采用更先进的加密技术和身份认证机制，保护数据传输的机密性和完整性。

3.低功耗设计：为了满足移动设备和物联网设备对低功耗的需求，特殊应用中的链路层协议将采用低功耗设计。通过优化帧结构和传输策略，有助于降低设备的能耗和延长设备的使用寿命。

4.标准化与互操作性：随着不同应用领域之间的融合和互操作性要求的提高，特殊应用中的链路层协议将越来越注重标准化和互操作性。通过制定统一的标准和规范，促进不同应用领域之间的数据共享和互通。

第四章　网络层协议

第一节　网络层的功能与任务

一、网络层的基本功能

网络层是计算机网络体系结构中至关重要的一层，它主要负责将数据包从源主机传输到目标主机，确保数据在网络中的正确路由和转发。以下从四个方面对网络层的基本功能进行详细分析：

（一）IP 地址分配与唯一标识

网络层协议使用 IP 地址来唯一标识每个连接到网络上的主机和设备。这一功能确保了网络中的每个设备都能被准确地识别和定位。IP 地址的分配和管理是网络层协议的核心功能之一。它支持静态和动态两种分配方式，静态分配是由网络管理员手动为每个设备分配 IP 地址，而动态分配则通过 DHCP（Dynamic Host Configuration Protocol，动态主机配置协议）等协议自动完成。IP 地址的唯一性保证了数据在网络中能够准确地被传输到目标设备。

（二）路由与转发

网络层协议负责将数据包从源主机传输到目标主机。在传输过程中，它会根据网络拓扑和路由表信息，选择合适的路径进行数据传输。路由器是网络层协议中的关键设备，它通过查找路由表和控制转发表来实现路由和转发功能。路由选择算法是网络层协议的重要组成部分，它决定了数据包在网络中的传输路径。常见的路由选择算法包括距离向量算法、链路状态算法等。这些算法根据网络拓扑和路由表信息，计算出最优的传输路径，确保数据包能够快速地到达目标主机。

（三）数据包的分片与重组

由于网络中的不同链路可能具有不同的 MTU（Maximum Transmission Unit，最大传输单元），因此网络层协议需要对数据包进行分片处理。当数据包的大小超过链路的 MTU 时，网络层协议会将其拆分成多个较小的数据包进行传输。在目标主机端，这些数据包会被重新组合成原始的数据包。这一功能确保了数据包能够在不同链路上顺利传输，同时避免了因数据包过大而导致的传输错误或丢包现象。

（四）拥塞控制与流量控制

拥塞控制是网络层协议的重要功能之一。当网络中的负载过大时，会导致网络拥塞现象的发生，进而影响数据的传输效率。网络层协议通过拥塞控制机制来监测网络负载状况，并根据需要调整数据包的发送速率，以减轻网络拥塞现象。此外，网络层协议还通过流量控制机制来确保发送端和接收端之间的数据传输速率保持一致，避免了因数据速率不匹配而导致的传输错误或丢包现象。这些机制共同保证了数据在网络中的稳定传输和高效利用网络资源。

二、网络层的主要任务

网络层在计算机网络体系结构中扮演着至关重要的角色，其主要任务涉及数据包在网络中的路由选择、转发、差错控制以及优化网络资源利用等方面。以下从四个方面对网络层的主要任务进行详细分析：

（一）路由选择与转发

网络层的核心任务之一是路由选择与转发。当源主机需要向目标主机发送数据时，网络层会根据路由表信息，为数据包选择一条从源主机到目标主机的最佳路径。这个过程中，路由器扮演着关键角色，它负责接收来自源主机的数据包，并根据路由表中的信息将其转发到下一个节点，直至数据包到达目标主机。路由选择算法是网络层实现这一功能的关键，它根据网络拓扑结构、链路状态以及负载情况等因素，计算出最优的传输路径。

具体来说，路由选择算法可以分为静态路由选择和动态路由选择两大类。静态路由选择是指由网络管理员手动配置路由表，适用于网络拓扑结构较为稳定、规模较小的场景。而动态路由选择则是通过路由器之间的信息交换和算法计算，自动选择最优路径，适用于网络拓扑结构复杂、规模较大的场景。在动态路由选择中，常见的算法有距离向量算法、链路状态算法等。

（二）差错控制与可靠性保障

在数据传输过程中，由于各种原因（如网络拥塞、链路故障等）可能导致数据包丢失、损坏或乱序。网络层通过一系列机制来提供差错控制和可靠性保障。首先，网络层会对数据包进行校验和计算，并在数据包中携带校验和信息。接收端在收到数据包后，会重新计算校验和并与数据包中的校验和进行比较，以检测数据包在传输过程中是否发生错误。如果发生错误，接收端会向发送端发送一个错误报告，发送端在收到错误报告后会重传该数据包。

此外，网络层还提供了超时重传和确认应答等机制来确保数据包的可靠传输。当数据包在传输过程中丢失或损坏时，发送端会在一定时间后重新发送该数据包，并在收到接收端的确认应答后才认为该数据包已成功传输。这些机制共同提高了网络通信的可靠性和稳定性。

（三）优化网络资源利用

随着网络规模的扩大和流量的增长，如何高效地利用网络资源成为了一个重要的问题。网络层通过一系列策略和技术来优化网络资源的利用。首先，网络层会根据网络负载状况动态调整数据包的发送速率和传输路径，以减轻网络拥塞现象并提高数据传输效率。例如，在网络拥塞时，网络层可以通过降低数据包的发送速率来减少网络负载；同时，它也可以通过选择更加空闲的传输路径来加快数据包的传输速度。

其次，网络层还支持 QoS（Quality of Service，服务质量）机制，可以根据不同的应用需求提供不同的服务质量和优先级保障。例如，对于实时性要求较高的应用（如语音通话、视频会议等），网络层可以为其提供更高的优先级和更低的延迟保障；而对于实时性要求较低的应用（如文件传输、电子邮件等），则可以降低其优先级以节省网络资源。这些策略和技术使得网络层能够更好地适应不同的网络环境和应用需求，提高网络通信的效率和可靠性。

（四）网络互联与协议转换

随着网络技术的不断发展，出现了越来越多的网络协议和设备类型。网络层需要支持不同协议和设备之间的互联互通，确保数据在不同网络之间能够正确传输。为了实现这一目标，网络层需要完成协议转换和数据封装等任务。

具体来说，当数据从一个网络传输到另一个网络时，网络层需要将其封装成符合目标网络协议的数据包格式，并在数据包中添加必要的头部信息（如目标地址、源地址等）。然后，网络层会将封装好的数据包发送给目标网络的路由器进行转发和处理。在目标网络中，路由器会根据目标地址将数据包转发给目标主机；同时，它也会将数据包中的头部信息去除并还原成原始数据格式以供目标主机使用。这一过程中涉及到的协议转换和数据封装等任务都需要由网络层来完成。

三、网络层与数据链路层、传输层的关系

网络层在计算机网络体系结构中位于数据链路层和传输层之间，它与其他两层之间存在着密切而复杂的关系。以下从两个方面对网络层与数据链路层、传输层的关系进行详细分析：

（一）网络层与数据链路层的关系

1. 依赖与协作：网络层依赖于数据链路层提供的服务来实现其功能。数据链路层负责在相邻设备之间建立可靠的连接，确保数据在物理介质上的传输不出错。网络层则在此基础上，将数据从源端传输到目的端，实现跨网络的数据通信。两者共同构建了网络通信的基础。

2. 分工与合作：数据链路层关注于如何在相邻设备之间传输数据，它处理物理地址（如 MAC 地址）和流量控制等问题。而网络层则关注于如何在不同网络之间传输数据，它使用 IP 地址来确定数据的目的地，并在不同的网络之间传输数据。两者分工明确，但又相互合作，共同确保数据的可靠传输。

3.数据封装与解封装：在数据传输过程中，数据链路层将比特流划分成称为帧的数据块，并在帧中添加必要的头部信息（如源 MAC 地址、目标 MAC 地址等）。然后，这些数据帧被传输到网络层。网络层在接收到数据帧后，会将其中的数据部分（即网络层数据）提取出来，并再次封装成数据包（也称为 IP 包），然后传输到传输层。在目的端，这个过程是相反的，即数据包的解封装和帧的提取。

4.错误处理与恢复：当数据在传输过程中发生错误时，数据链路层和网络层都会采取相应的措施进行处理。数据链路层通过帧校验和等方式检测错误，并在必要时请求重传。而网络层则通过 ICMP 等协议来报告和处理网络层错误，如路由错误、主机不可达等。

（二）网络层与传输层的关系

1.服务提供与接收：网络层为传输层提供服务，确保数据能够可靠地从源端传输到目的端。传输层则依赖于网络层提供的服务来实现其端到端的数据传输功能。两者之间的关系类似于服务提供者和接收者的关系。

2.数据封装与解封装：在数据传输过程中，传输层将应用层数据封装成传输层报文（如 TCP 报文或 UDP 报文），并添加必要的头部信息（如源端口号、目标端口号等）。然后，这些报文被传输到网络层。网络层在接收到报文后，会将其中的数据部分（即传输层数据）提取出来，并再次封装成数据包进行传输。在目的端，这个过程是相反的，即数据包的解封装和报文的提取。

3.流量控制与拥塞控制：传输层和网络层都涉及到流量控制和拥塞控制的问题。传输层通过滑动窗口等机制来实现端到端的流量控制，防止发送方发送过多数据导致接收方无法处理。而网络层则通过路由选择算法和拥塞控制策略来优化网络资源利用，防止网络拥塞的发生。两者在流量控制和拥塞控制方面相互协作，共同确保网络的稳定运行。

4.协议与标准：网络层和传输层都遵循一定的协议和标准来确保数据的正确传输。例如，TCP/IP 协议族中的 IP 协议和 TCP 协议分别属于网络层和传输层。这些协议和标准定义了数据的封装格式、传输方式、错误处理等方面的规范，使得不同设备和系统之间能够相互通信。

第二节　路由选择与分组转发

一、路由选择的基本原理

路由选择是计算机网络中网络层的一个重要功能，它决定了数据包在网络中的传输路径。以下从四个方面对路由选择的基本原理进行详细分析：

（一）路由选择的基本概念与重要性

路由选择是指在网络中，路由器根据一定的算法和策略，选择从源节点到目的节点的最佳传输路径的过程。这个过程对于保证网络的高效、可靠通信至关重要。首先，路由选择能够确保数据包在网络中的快速传输，减少传输延迟。其次，路由选择能够平衡网络负载，避免网络拥塞。最后，路由选择还能够实现网络的故障恢复和容错，提高网络的稳定性和可靠性。

（二）路由选择的决策依据

路由选择的决策依据主要包括目的地址、网络拓扑结构、链路状态以及路由算法等。其中，目的地址是路由选择的基本依据，它决定了数据包需要到达的目标位置。网络拓扑结构则描述了网络中各个节点之间的连接关系，是路由选择的基础。链路状态反映了网络中各条链路的当前状态，如带宽、延迟、丢包率等，是路由选择的重要参考依据。路由算法则是根据网络拓扑结构和链路状态等信息，计算出从源节点到目的节点的最佳路径的方法。

（三）路由选择的算法与策略

路由选择的算法与策略是路由选择的核心内容。常见的路由算法包括距离矢量路由算法［如 RIP（Routing Information Protocol，路由信息协议）］和链路状态路由算法（如 OSPF）。距离矢量路由算法通过邻居路由器之间的信息交换和迭代计算，得出到各个目的地的最短路径。而链路状态路由算法则通过收集网络中的链路状态信息，构建网络拓扑图，并使用 Dijkstra 等算法计算出最短路径。此外，还有一些其他的路由策略，如负载均衡、策略路由等，它们可以根据网络的实际需求进行灵活配置。

在路由选择过程中，路由器会根据路由表来决定数据包的转发路径。路由表是路由器中存储的关于网络拓扑结构和链路状态等信息的数据库，它包含了到达各个目的地的最佳路径信息。当路由器接收到一个数据包时，它会根据数据包的目的地址在路由表中查找相应的路由条目，然后根据路由条目中的信息将数据包转发到下一个节点。

（四）路由选择的优化与改进

随着网络技术的不断发展和网络规模的不断扩大，路由选择的优化与改进成为了研究的热点。一方面，人们通过改进路由算法和策略，提高路由选择的准确性和效率。另一方面，人们还通过引入新的技术和机制，如多路径传输、SDN（Software Defined Network，软件定义网络）等，来优化路由选择的性能。例如，多路径传输可以通过同时利用多条路径来传输数据，提高网络的吞吐量和可靠性；而 SDN 则可以通过集中控制网络设备的路由选择过程，实现网络的灵活配置和快速响应。

总之，路由选择是计算机网络中网络层的一个重要功能，它决定了数据包在网络中的传输路径。通过深入理解路由选择的基本原理和算法策略，并不断优化和改进路由选择的性能，我们可以更好地实现网络的高效、可靠通信。

二、路由选择算法的分类

路由选择算法是网络层实现数据包在网络中有效传输的关键技术之一。根据不同的分类标准，路由选择算法可以被划分为多种类型。以下从四个方面对路由选择算法的分类进行详细分析：

（一）根据算法的运行方式分类

1.集中式路由选择算法：这类算法依赖于一个中心节点（如中央服务器或超级路由器）来收集整个网络的状态信息，并基于这些信息计算出从源节点到目的节点的最佳路径。集中式算法的优点在于能够全局地考虑网络状态，但缺点在于中心节点的计算和通信负担较重，且中心节点的故障可能导致整个网络的路由选择失效。

2.分散式路由选择算法：与集中式算法不同，分散式路由选择算法不需要中心节点的参与。每个路由器都根据与其直接相连的邻居路由器的信息来独立地计算路由。这种算法的优点在于减少了中心节点的负担，提高了网络的健壮性。常见的分散式路由选择算法有距离向量路由算法和链路状态路由算法。

（二）根据算法的更新方式分类

1.静态路由选择算法：静态路由选择算法在配置完成后不会改变，除非管理员手动修改。这种算法适用于网络拓扑结构稳定、变化不频繁的场景。静态路由的优点在于简单、可靠，但缺点在于无法适应网络拓扑的动态变化。

2.动态路由选择算法：动态路由选择算法能够根据网络拓扑的变化实时地更新路由表。这类算法通常使用一种或多种路由协议来收集网络状态信息，并基于这些信息计算出最佳路径。动态路由的优点在于能够自动适应网络拓扑的变化，但缺点在于算法复杂、计算量大。

（三）根据算法对网络负载的敏感性分类

1.负载敏感路由选择算法：这类算法在选择路径时会考虑链路的负载情况，以避免选择过于拥挤的链路。负载敏感路由选择算法能够有效地平衡网络负载，提高网络的吞吐量和可靠性。然而，这类算法需要实时地收集链路的负载信息，增加了算法的复杂性和开销。

2.负载迟钝路由选择算法：与负载敏感路由选择算法相反，负载迟钝路由选择算法在选择路径时不会考虑链路的负载情况。这类算法通常基于网络拓扑结构和链路费用来选择最佳路径。虽然负载迟钝路由选择算法无法直接平衡网络负载，但它们通常具有较低的复杂性和开销，适用于网络拓扑结构相对稳定、负载变化不大的场景。

（四）根据算法的实现目标分类

1.最短路径路由选择算法：这类算法的目标是选择从源节点到目的节点的具有最小链路开销的路径。常见的最短路径路由选择算法有 Dijkstra 算法和 Bellman-Ford 算法。最短路径路由选择算法能够确保数据包在网络中的快速传输，但可能无法有效地平衡网络负载或应对网络故障。

2.多路径路由选择算法：与最短路径路由选择算法不同，多路径路由选择算法允许数据包沿着多条路径并行传输。这类算法能够提高网络的吞吐量和容错性,因为即使某条路径出现故障或拥塞,数据包仍然可以通过其他路径到达目的地。然而,多路径路由选择算法需要更复杂的路由计算和状态维护机制。

三、分组转发的过程

分组转发是网络层的核心功能之一,它涉及数据包(分组)在网络中的传输和路由决策。以下从四个方面对分组转发的过程进行详细分析:

(一)分组转发的概念与意义

分组转发是指在网络中,路由器根据路由选择算法确定的最佳路径,将数据包从源节点传输到目的节点的过程。它是实现网络层功能的关键步骤,对于保证网络的高效、可靠通信具有重要意义。分组转发的目的是将数据包从源节点准确地传输到目的节点,同时确保传输过程中的数据完整性和可靠性。

(二)分组转发的流程与步骤

分组转发的流程主要包括以下几个步骤:

1.数据包接收:路由器接收到来自源节点或上一个路由器的数据包。

2.数据包解析:路由器对接收到的数据包进行解析,提取出数据包的目的地址、源地址、协议类型等关键信息。

3.路由表查找:路由器根据数据包的目的地址,在路由表中查找匹配的路由条目。路由表包含了网络中各个目的地址的最佳路径信息。

4.转发决策:路由器根据路由表查找结果,确定数据包的下一跳路由器地址。如果路由表中没有匹配的路由条目,路由器会按照默认路由或采取其他策略来处理该数据包。

5. 数据包封装与转发：路由器将数据包重新封装成适合在下一跳链路上传输的格式，并将数据包转发到下一跳路由器。

（三）分组转发中的关键技术

在分组转发过程中，涉及多个关键技术，包括：

1. 路由表管理：路由表是路由器进行路由选择和转发决策的重要依据。路由表的管理包括路由表的建立、更新和维护等操作。常见的路由协议如 RIP、OSPF、BGP 等，用于实现路由表的自动更新和同步。

2. 数据包封装与解封装：数据包在传输过程中需要进行封装和解封装操作。封装是将数据包添加头部信息（如目的地址、源地址、协议类型等）的过程，解封装则是从数据包中提取出有效数据的过程。这些操作保证了数据包在网络中的正确传输和识别。

3. 转发决策算法：转发决策算法是路由器确定数据包下一跳地址的关键技术。常见的转发决策算法包括最长匹配算法、递归查找算法等。这些算法根据路由表中的信息，快速准确地计算出数据包的转发路径。

（四）分组转发的优化与挑战

随着网络技术的不断发展和网络规模的不断扩大，分组转发面临诸多优化和挑战：

1. 性能优化：分组转发需要处理大量的数据包和路由表信息，对路由器的性能和效率提出了更高要求。为了优化分组转发的性能，可以采用硬件加速、并行处理等技术手段来提高路由器的处理能力。

2. 安全保障：分组转发过程中需要确保数据包的完整性和安全性。为了应对网络攻击和数据泄露等安全问题，可以采用加密、认证、防火墙等技术手段来保障分组转发的安全性。

3.可扩展性：随着网络规模的不断扩大和业务的不断增长，分组转发需要支持更多的设备和协议类型。为了保证网络的可扩展性，需要采用模块化设计、动态路由等技术手段来适应网络的变化和发展。

四、路由选择与分组转发的优化

路由选择与分组转发作为网络层的核心功能，其性能的优化对于提升整个网络的效率和可靠性至关重要。以下从四个方面对路由选择与分组转发的优化进行详细分析：

（一）动态路由协议的应用与优化

动态路由协议如 OSPF、BGP 等，能够根据网络拓扑和链路状况自动更新路由表，使数据包能够按最优路径进行转发。为了优化动态路由协议的性能，可以采取以下措施：

1.合理选择路由协议：根据网络规模和需求，选择合适的动态路由协议。例如，OSPF 适用于大型网络，而 BGP 则更适用于互联网级别的路由选择。

2.设置适当的度量标准和优先级：在配置动态路由时，应设置合理的度量标准和优先级，以确保数据包能够按照预定的优化路径进行转发。

3.定期更新路由信息：定期收集网络状态变化的信息，并更新路由表，以反映网络的最新状态。这有助于避免路由环路和黑洞问题，提高网络的稳定性和可靠性。

（二）路由策略的优化

通过制定合理的路由策略，可以实现流量的负载均衡和优化。以下是一些优化路由策略的方法：

1.负载均衡：根据网络业务和用户需求，将数据流量分配到不同的路由器或链路上，以避免网络拥塞和瓶颈的产生。这可以通过配置权重、优先级等参数来实现。

2.阻止不必要的流量：通过配置路由策略，阻止一些不必要的流量进入网络，以减轻网络负载和提高带宽利用率。例如，可以配置ACL（Access Control List，访问控制列表）来限制某些IP地址或端口的访问。

3.路由聚合：将多个具有相同前缀的路由条目聚合为一个更长的前缀，以减少路由表的条目数量，提高路由查找的效率。

（三）分组转发的优化

分组转发是路由器实现数据包传输的关键步骤。以下是一些优化分组转发的方法：

1.聚合和分解：通过将多个相邻的数据包合并成一个较大的数据包，可以减少路由器的转发次数，降低网络的负担。同时，将一个较大的数据包拆分成多个较小的数据包，可以提高网络的带宽利用率。

2.缓存和缓存控制：路由器使用缓存技术来暂时存储已经访问过的数据包，以减少在网络中的传输次数。然而，缓存的管理也需要进行控制，以避免缓存溢出和数据丢失。缓存控制可以根据数据包的重要性和频繁程度，合理规划缓存的存储空间和存储时间。

3.高速转发技术：采用硬件加速、并行处理等技术手段来提高路由器的转发性能。例如，使用ASIC（Application Specific Integrated Circuit，应用特定集成电路）芯片来加速路由查找和数据包转发过程。

（四）网络架构与设计的优化

网络架构和设计的优化对于提升路由选择与分组转发的性能具有重要影

响。以下是一些优化网络架构与设计的建议：

1. 模块化设计：将网络划分为多个模块或区域，每个模块或区域具有独立的路由选择和转发功能。这有助于降低网络的复杂性和管理难度，提高网络的稳定性和可扩展性。

2. 冗余设计：在网络中部署冗余设备和链路，以提高网络的容错能力和可靠性。例如，可以使用双机热备、负载均衡等技术来实现设备的冗余和链路的备份。

3. 灵活配置与管理：采用灵活的网络配置和管理策略，以适应网络的变化和发展。例如，可以使用 SDN 技术来实现网络的集中控制和灵活配置。

第三节　IPv4 与 IPv6 协议

一、IPv4 协议的基本原理

IPv4 是互联网通信协议第四版，也是互联网通信协议发展过程中的一个重要里程碑。IPv4 协议作为互联网的核心协议之一，其基本原理涉及地址结构、寻址方式、路由选择和数据传输等多个方面。以下从四个方面对 IPv4 协议的基本原理进行详细分析：

（一）IPv4 地址结构

IPv4 地址是 32 位（4 字节）的二进制数，通常以点分十进制的形式表示，如 192.168.1.1。IPv4 地址由网络号和主机号两部分组成，用于标识网络中的设备。根据网络号和主机号的长度不同，IPv4 地址被分为 A、B、C、D、E 五类，其中 A、B、C 类地址用于标识网络中的主机，D 类地址用于组播，

E 类地址保留。IPv4 地址的分配和管理由 IANA（Internet Assigned Numbers Authority，互联网号码分配机构）负责，但由于 IPv4 地址空间有限，地址枯竭问题日益严重，IPv6 协议应运而生。

（二）IPv4 寻址方式

IPv4 支持三种寻址方式：单播、广播和组播。单播寻址方式用于将数据发送到单个目标主机；广播寻址方式用于将数据发送到网络中的所有主机；组播寻址方式则用于将数据发送到网络中的一组主机。IPv4 的寻址方式使得数据包能够在网络中高效、准确地传输。

（三）IPv4 路由选择

IPv4 路由选择是指路由器根据路由表中的信息，选择最佳路径将数据包从源地址发送到目的地址的过程。IPv4 路由选择基于距离向量算法或链路状态算法，通过收集网络拓扑和链路状态信息，计算出最优路径。IPv4 路由选择还需要考虑负载均衡、故障恢复和安全性等因素，以确保数据包能够可靠地传输到目的地址。

IPv4 路由表的管理和更新通常采用动态路由协议，如 RIP、OSPF 等。这些协议能够自动收集网络状态信息，更新路由表，并根据网络变化动态调整路由选择策略。动态路由协议的应用使得 IPv4 网络具有更高的灵活性和可扩展性。

（四）IPv4 数据传输

IPv4 数据传输是 IPv4 协议的核心功能之一。IPv4 协议使用分组交换技术，将数据分割成小的数据包（分组）进行传输。每个数据包包含源 IP 地址、目的 IP 地址、数据部分和其他控制信息。在传输过程中，数据包通过多个网络节点进行路由选择，最终到达目的地址。

IPv4 数据传输过程中需要考虑数据包的封装、解封装、分片、重组和校验等问题。封装是将数据包添加头部信息的过程，解封装则是从数据包中提取有效数据的过程。分片是将较大的数据包分割成多个较小的数据包进行传输的过程，重组则是将多个分片的数据包重新组合成原始数据包的过程。校验则是检查数据包的完整性和正确性的过程，以确保数据包在传输过程中没有被损坏或篡改。

综上所述，IPv4 协议的基本原理涉及地址结构、寻址方式、路由选择和数据传输等多个方面。IPv4 协议作为互联网通信协议的基础之一，为互联网的快速发展和广泛应用提供了有力支持。然而，随着互联网的不断发展，IPv4 协议也面临着地址枯竭、安全性等问题，IPv6 协议因此应运而生，成为未来互联网发展的重要方向。

二、IPv4 地址结构与分配

IPv4 地址结构与分配是 IPv4 协议中的核心内容，它决定了互联网中设备如何被标识和通信。以下从四个方面对 IPv4 地址结构与分配进行详细分析：

（一）IPv4 地址结构概述

IPv4 地址是一个 32 位的二进制数，通常由四个字节组成，每个字节由 8 位二进制数表示。为了方便人类阅读和记忆，IPv4 地址通常采用点分十进制（dotted-decimal notation）表示法，即将每 8 位二进制数转换为一个十进制数，并用点（.）分隔这四个十进制数。IPv4 地址的范围是 0.0.0.0 到 255.255.255.255。

IPv4 地址由两部分组成：网络部分（Network Part）和主机部分（Host

Part）。网络部分用于标识网络本身，而主机部分则用于标识网络中的特定设备。这种结构使得 IPv4 地址既能够表示网络的位置，又能够表示网络中的设备。

（二）IPv4 地址的分类

IPv4 地址根据网络部分和主机部分的长度不同，被分为 A、B、C、D、E 五类。

1.A 类地址：网络部分占 8 位，主机部分占 24 位。A 类地址的网络部分以 0 开头，因此其范围是从 1.0.0.0 到 126.0.0.0。A 类地址主要分配给大型网络使用。

2.B 类地址：网络部分占 16 位，主机部分占 16 位。B 类地址的网络部分以 10 开头，因此其范围是从 128.0.0.0 到 191.255.0.0。B 类地址主要分配给中等规模的网络使用。

3.C 类地址：网络部分占 24 位，主机部分占 8 位。C 类地址的网络部分以 110 开头，因此其范围是从 192.0.0.0 到 223.255.255.0。C 类地址主要分配给小型网络使用。

4.D 类地址：不分网络部分和主机部分，用于组播（Multicast）。其范围是从 224.0.0.0 到 239.255.255.255。

5.E 类地址：也不分网络部分和主机部分，用于实验目的。其范围是从 240.0.0.0 到 255.255.255.255。

（三）IPv4 地址的分配与管理

IPv4 地址的分配和管理由国际互联网地址分配机构（IANA）负责。IANA 负责将 IPv4 地址空间划分为不同的区域，并将这些区域分配给各大洲的 RIRs（Regional Internet Registries，区域互联网注册管理机构）。RIRs

再将分配给它们的地址空间进一步划分，并分配给各国的 ISPs（Internet Service Provider，互联网服务提供商）和其他组织。

在 IPv4 地址的分配过程中，需要考虑地址的利用率和节约性。为了避免地址浪费，IPv4 地址分配采用了子网划分（Subnetting）和 VLSM（Variable Length Subnet Mask，可变长度子网掩码）等技术。子网划分允许将一个网络划分为多个子网，从而提高了地址的利用率。VLSM 则允许在同一个网络中使用不同长度的子网掩码，进一步提高了地址的灵活性和利用率。

（四）IPv4 地址的消耗与应对策略

由于 IPv4 地址空间有限，随着互联网的快速发展，IPv4 地址的消耗速度越来越快。全球 IPv4 地址已于 2011 年耗尽，这导致许多新接入互联网的设备无法获得 IPv4 地址。为了应对 IPv4 地址耗尽的问题，人们采取了多种策略：

1. 使用 NAT（网络地址转换）技术：NAT 技术允许局域网内的多台设备共享一个公网 IPv4 地址，从而节省了 IPv4 地址的使用。但是，NAT 技术也带来了一些问题，如增加了网络复杂性和可能导致一些应用无法正常工作。

2. 过渡到 IPv6：IPv6 是 IPv4 的继任者，它使用 128 位的地址空间，可以支持更多的设备和网络。IPv6 的部署和普及是解决 IPv4 地址耗尽问题的根本途径。目前，全球范围内已经有许多组织开始部署 IPv6 网络。

3. 回收和再利用 IPv4 地址：通过回收不再使用的 IPv4 地址和重新分配空闲的 IPv4 地址，可以延长 IPv4 地址的使用寿命。这需要建立完善的 IPv4 地址回收和再利用机制，并确保地址的公平分配和高效利用。

三、IPv6 协议的特点与优势

IPv6 协议，作为 IPv4 的继任者，在解决 IPv4 地址空间耗尽问题的同时，

还带来了许多新的特点和优势。以下从四个方面对 IPv6 协议的特点与优势
进行详细分析：

（一）地址空间巨大

IPv6 协议采用 128 位的地址长度，相比 IPv4 的 32 位地址空间增大了 2
的 96 次方倍。这意味着 IPv6 可以为地球上的每一个设备分配一个全球唯一
的 IP 地址，解决了 IPv4 地址空间不足的问题。IPv6 的巨大地址空间为互联
网的发展提供了无限的可能性，支持了物联网、云计算、大数据等新兴技术
的发展。

（二）简化的报文头部和高效的数据传输

IPv6 的报文头部相比 IPv4 更加简化，字段只有 7 个，减少了一些不常
用的字段，使得报文处理更加高效。这种简化的报文头部结构降低了路由器
处理数据包时的复杂性和开销，提高了网络性能和传输速度。此外，IPv6 还
支持更高效的路由选择和转发机制，使得数据包能够更快地到达目的地。

（三）增强的安全性和隐私保护

IPv6 内置了 IPSec 协议，为数据包提供了端到端的加密和认证，增强了
网络的安全性和隐私保护。在 IPv6 中，对所有节点的 IPSec 是强制实现的，
当建立一个 IPv6 连接时，可以得到一个安全的端到端连接。通过对通信端
的验证和对数据的加密保护，敏感数据可以在 IPv6 网络上安全地传输。此外，
IPv6 还支持地址自动配置和追溯技术，可以迅速定位网络攻击源头，提高了
对网络攻击的应对能力。

（四）更好的支持移动性和服务质量

IPv6 支持移动 IPv6（MIPv6）和无线 IPv6（Wireless IPv6），能够更好

地支持移动设备在网络中的漫游和连接切换，实现了真正的移动互联网。通过 MIPv6，移动设备可以在不改变 IP 地址的情况下切换网络，避免了通信中断，提高了网络的可靠性。同时，IPv6 还支持更多样化的 QoS 机制，如流标识符（Flow Label）和业务类别域（Traffic Class），可以实现对网络流量的标记和分类，从而提供不同的处理优先级和服务质量。这有助于提升网络性能和用户体验，满足不同应用和服务的需求。

综上所述，IPv6 协议在地址空间、报文头部结构、安全性和隐私保护、移动性和服务质量等方面都具有显著的优势和特点。这些特点和优势使得 IPv6 能够更好地适应未来互联网的发展需求，推动互联网技术的不断进步和创新。

四、IPv4 到 IPv6 的过渡策略

随着 IPv4 地址资源的枯竭和 IPv6 技术的成熟，IPv4 到 IPv6 的过渡已成为互联网发展的必然趋势。为了确保过渡过程的平稳和高效，需要采取一系列过渡策略。以下从四个方面对 IPv4 到 IPv6 的过渡策略进行详细分析：

（一）双栈策略

双栈策略是指在网络节点中同时支持 IPv4 和 IPv6 两种协议栈，使得这些节点既可以处理 IPv4 数据包，也可以处理 IPv6 数据包。这是 IPv4 到 IPv6 过渡的最直接、最简单的策略之一。在双栈策略下，网络设备（如路由器、交换机等）和终端设备（如计算机、手机等）都需要同时支持 IPv4 和 IPv6。

实现方式：双栈路由器同时运行 IPv4 和 IPv6 协议栈，根据数据流的目的地址选择使用哪个协议栈进行路由。双栈主机则可以在同一台设备上同时

使用 IPv4 和 IPv6 协议，根据需要选择使用哪种协议进行通信。

优点：双栈策略可以实现 IPv4 和 IPv6 的共存和互通，支持已有的网络平滑升级支持 IPv6。同时，它不需要对网络结构进行大规模改动，降低了过渡的复杂性和成本。

缺点：双栈策略需要网络中的所有设备都支持双栈协议，这可能需要更新或替换一些老旧设备。此外，同时运行两个协议栈可能会增加网络安全风险和管理难度。

（二）隧道技术

隧道技术是一种将 IPv6 数据包封装在 IPv4 数据包中进行传输的技术。它利用现有的 IPv4 网络基础设施来传输 IPv6 数据包，从而实现 IPv4 到 IPv6 的过渡。隧道技术可以分为两种：自动隧道配置技术和手动隧道配置技术。

实现方式：在隧道的入口，IPv6 数据包被封装在 IPv4 数据包中，并通过 IPv4 网络进行传输。在隧道的出口，IPv4 数据包被解封装，取出里面的 IPv6 数据包，并将其转发到目标地址。

优点：隧道技术可以利用现有的 IPv4 网络基础设施来传输 IPv6 数据包，无需对网络结构进行大规模改动。同时，它还可以实现 IPv6 孤岛之间的连接，逐步扩大 IPv6 的实现范围。

缺点：隧道技术需要在隧道的入口和出口进行封装和解封装操作，这可能会增加网络延迟和复杂性。此外，隧道技术还需要维护隧道相关的信息，如隧道 MTU 等参数，增加了管理的复杂性。

（三）网络地址转换（NAT64）技术

NAT64 技术是一种将 IPv6 数据包转换为 IPv4 数据包进行传输的技术。它通过在 IPv6 和 IPv4 网络之间设置 NAT64 网关，实现 IPv6 主机与 IPv4 主机之间的通信。

实现方式：NAT64 网关将 IPv6 数据包中的 IPv6 地址转换为 IPv4 地址，并将其封装在 IPv4 数据包中进行传输。在接收端，NAT64 网关再将 IPv4 数据包解封装为 IPv6 数据包，并将其转发给目标 IPv6 主机。

优点：NAT64 技术可以实现 IPv6 主机与 IPv4 主机之间的通信，无需对网络结构进行大规模改动。同时，它还可以保护 IPv4 网络中的私有地址不被泄露到 IPv6 网络中。

缺点：NAT64 技术需要设置 NAT64 网关，增加了网络的复杂性和管理难度。同时，由于 NAT64 网关需要对数据包进行转换操作，可能会增加网络延迟和丢包率。

（四）逐步部署和升级策略

IPv4 到 IPv6 的过渡是一个长期的过程，需要逐步部署和升级网络设备、操作系统、应用程序等。为了确保过渡过程的平稳和高效，需要采取逐步部署和升级策略。

实现方式：首先，在网络中部署一些支持 IPv6 的设备和服务，形成 IPv6 孤岛。其次，逐步将 IPv4 设备和服务升级到支持 IPv6 的设备和服务，并将 IPv6 孤岛连接起来。最后，实现整个网络的 IPv6 化。

优点：逐步部署和升级策略可以降低过渡的复杂性和风险，减少对网络和用户的影响。同时，它还可以确保过渡过程的可控性和可管理性。

缺点：逐步部署和升级策略需要耗费较长的时间和人力物力资源，可能会对网络的正常运行产生一定的影响。此外，在过渡过程中还需要解决一些技术和管理问题，如版本兼容性、配置管理等。

第四节　网络层协议优化技术

一、拥塞控制机制

拥塞控制是网络层协议优化技术中的核心组成部分，其主要目的是防止过多的数据注入到网络中，从而避免网络中的路由器或链路过载，保障网络的正常运行。以下从四个方面对拥塞控制机制进行详细分析：

（一）拥塞控制的概念与重要性

拥塞是指在网络中，由于过多的数据分组同时传输，导致网络资源（如带宽、缓存等）不足，进而造成网络性能下降的现象。拥塞控制是通过一定的算法和机制，对网络中数据的发送速率进行控制，以避免或减轻拥塞的发生。在网络中，拥塞控制对于保障网络的高效、稳定运行具有重要意义。

（二）拥塞控制的原理与方法

拥塞控制的原理主要包括慢开始、拥塞避免、快重传和快恢复等算法。这些算法通过动态调整发送方的拥塞窗口大小，控制发送速率，以达到避免或减轻拥塞的目的。其中，慢开始算法通过从小到大逐渐增大发送窗口，逐步增加网络中的数据流量；拥塞避免算法则在收到每一轮的确认后，将拥塞窗口的值加1，使拥塞窗口的值按照线性规律缓慢增长，从而避免网络拥塞的发生。快重传和快恢复算法则是针对网络中出现的失序报文段，通过发送重复确认和快速重传，提高数据传输的可靠性。

此外，拥塞控制还可以分为开环控制和闭环控制两种方式。开环控制是在网络系统设计时，通过预先设定一些参数和策略，以避免拥塞的发生。而闭环控制则是通过监视系统实时检测拥塞情况，并采取相应的措施来调整系统运行，以减轻或消除拥塞。

（三）拥塞控制技术的应用场景

拥塞控制技术在各种网络环境中都有广泛的应用。在局域网中，拥塞控制可以防止由于数据流量过大导致的网络瘫痪；在广域网中，拥塞控制可以确保数据在传输过程中的稳定性和可靠性；在数据中心网络中，拥塞控制可以优化数据流量的分配和调度，提高网络的整体性能。

具体来说，TCP协议是拥塞控制技术的典型应用之一。TCP协议通过拥塞窗口和慢启动机制来实现拥塞控制，从而确保数据传输的稳定性和可靠性。同时，网络层的AQM（Active Queue Management，主动队列管理）技术也是拥塞控制的重要应用之一。AQM技术通过动态调整丢包策略，避免网络拥塞，提高网络性能和鲁棒性。

（四）拥塞控制技术的未来发展与挑战

随着网络技术的不断发展和应用需求的不断增加，拥塞控制技术也面临着新的挑战和机遇。一方面，随着物联网、云计算、大数据等技术的广泛应用，网络中的数据流量呈现爆炸式增长，对拥塞控制技术提出了更高的要求。另一方面，随着网络结构的不断复杂化，网络中的拥塞问题也变得更加复杂和难以预测。

因此，未来的拥塞控制技术需要更加智能化和自适应化，能够实时感知网络状态并采取相应的控制措施。同时，还需要加强跨层优化和协同控制的研究，以实现网络资源的全局优化和高效利用。此外，还需要加强网络安全和隐私保护的研究，确保拥塞控制技术的安全性和可靠性。

二、QoS 保障

（一）QoS 保障的概念与重要性

QoS 是指在网络通信中，通过一系列的技术和管理手段，确保网络能够为不同的业务提供满足其需求的服务质量。随着互联网的快速发展，各种业务对网络的带宽、时延、抖动、丢包率等性能指标的要求越来越高，QoS 保障的重要性也日益凸显。它不仅能够满足不同业务对网络性能的需求，提高用户体验，还能够优化网络资源的分配，提高网络的整体性能。

（二）QoS 保障的原理与机制

QoS 保障的原理主要是通过在网络中实施流量分类、队列管理、拥塞控制、调度策略等技术手段，为不同的业务提供差异化的服务。具体来说，QoS 保障的机制包括以下几个方面：

1. 流量分类与标记：根据业务的特性，将网络中的流量分为不同的类别，并为每个类别分配不同的优先级。这可以通过在数据包中添加特定的标记来实现，以便网络设备在转发过程中能够识别并处理这些数据包。

2. 队列管理：在网络设备中为每个业务类别设置不同的队列，并根据优先级对队列中的数据包进行调度。这可以确保高优先级的数据包能够优先得到处理，从而满足其对时延、抖动等性能指标的要求。

3. 拥塞控制：在网络中出现拥塞时，通过一定的算法和机制，降低发送方的发送速率或丢弃部分数据包，以减轻网络的负载。这可以防止网络进一步恶化，保障其他业务的正常运行。

4. 调度策略：根据业务的需求和网络的状态，动态调整数据包的转发路径和转发顺序，以优化网络的性能。这可以通过流量工程、路由优化等技术手段来实现。

（三）QoS 保障的应用场景

QoS 保障在各种网络环境中都有广泛的应用。在语音和视频通信中，QoS 保障可以确保语音通话的清晰度和视频传输的流畅性；在云计算和大数据应用中，QoS 保障可以确保数据的高速传输和处理；在物联网和工业互联网中，QoS 保障可以确保关键数据的实时性和可靠性。具体来说，QoS 保障可以应用于以下场景：

1. 实时通信：如语音通话、视频会议等，需要保证低时延和高可靠性。

2. 视频流媒体：如在线视频、直播等，需要保证视频传输的流畅性和清晰度。

3. 数据传输：如文件传输、数据传输等，需要保证数据传输的稳定性和可靠性。

4. 云计算和大数据：需要保证数据的高速传输和处理能力，以满足计算和存储的需求。

（四）QoS 保障的未来发展与挑战

随着 5G、物联网、云计算等技术的快速发展，网络中的数据流量和业务需求将更加多样化和复杂化，对 QoS 保障提出了更高的要求。未来的 QoS 保障需要更加智能化和自适应化，能够实时感知网络状态和业务需求，并自动调整优化策略。同时，随着网络架构的演进和新型网络技术的发展，如 SDN 和 NFV（网络功能虚拟化），QoS 保障也需要与之相适应，实现更加灵活和高效的网络管理和优化。此外，随着网络安全问题的日益突出，

QoS 保障也需要加强网络安全方面的考虑，确保在保障服务质量的同时，也保障网络的安全和稳定。

三、多播与广播技术

（一）多播与广播技术的概念与原理

多播（Multicast）和广播（Broadcast）是网络通信中的两种重要技术，它们在网络层协议中扮演着不同的角色。多播技术允许一个或多个发送者（源）发送单一的数据包到多个接收者（目的地），但仅发送给那些明确表示对数据包感兴趣的主机。而广播技术则是将数据包发送给网络中的所有主机，无论它们是否对数据包感兴趣。

多播技术的工作原理是通过特定的多播地址，将数据从源发送到多个目的地。这些多播地址是专门为多播通信设计的，并且与单播和广播地址不同。多播地址允许路由器和其他网络设备识别出哪些数据包应该被复制并发送到多个接口，哪些数据包应该被丢弃。多播技术通常用于需要将数据发送到网络中的一组主机的场景，如视频会议、在线直播等。

广播技术则是将数据发送到网络中的所有主机。在广播通信中，发送者不需要知道接收者的具体地址，只需要将数据发送到广播地址即可。广播地址是一个特殊的网络地址，它标识网络中的所有主机。当数据包到达一个网络时，网络设备（如路由器）会检查数据包的目标地址，如果目标地址是广播地址，则将该数据包发送到网络中的所有主机。广播技术通常用于需要向所有主机发送信息的场景，如网络故障通知、软件更新等。

（二）多播与广播技术的应用场景

多播技术在许多领域都有广泛的应用。在网络音频/视频广播、AOD/VOD、网络视频会议、多媒体远程教育、虚拟现实游戏等方面，多播技术可以极大地减少网络带宽的占用，提高数据传输效率。此外，多播技术还可以用于股票行情推送等实时信息服务，确保信息能够及时、准确地传递给所有感兴趣的接收者。

广播技术则更多地用于网络管理、故障诊断和信息通知等场景。例如，在局域网中，广播技术可以用于发现网络中的设备、查找可用的网络资源以及发送网络故障通知。此外，在无线广播中，广播技术可以实现全球范围内的信息传播，如广播电台和电视台等。

（三）多播与广播技术的优势与挑战

多播技术的优势在于其高效性和针对性。通过将数据包仅发送给对其感兴趣的主机，多播技术可以极大地减少网络带宽的占用，提高数据传输效率。同时，多播技术还可以避免不必要的网络拥塞和延迟，提高网络的整体性能。然而，多播技术也面临着一些挑战，如多播地址的分配和管理、多播组成员的动态变化以及多播数据的加密和安全性等问题。

广播技术的优势在于其广泛性和便捷性。通过向网络中的所有主机发送数据包，广播技术可以确保信息能够覆盖到所有可能的接收者。然而，广播技术也面临着一些挑战，如广播风暴（即大量的广播数据包导致网络拥塞和性能下降）以及广播数据的安全性和隐私性问题。

（四）多播与广播技术的未来发展

随着网络技术的不断发展和应用需求的不断增加，多播与广播技术也将继续发展和完善。一方面，随着 IPv6 的普及和应用，多播技术将得到更广泛的应用。IPv6 提供了更多的多播地址空间，并且支持更丰富的多播服务。另一方面，随着云计算、大数据和物联网等技术的快速发展，多播与广播技术将面临更多的挑战和机遇。例如，在云计算环境中，多播技术可以用于实现虚拟机之间的高效通信；在物联网中，广播技术可以用于实现设备之间的发现和通信。此外，随着网络安全问题的日益突出，多播与广播技术也需要加强安全方面的研究，确保数据传输的安全性和隐私性。

四、网络层协议的优化实践

（一）网络层协议优化的背景与意义

随着互联网技术的飞速发展，网络层协议作为网络通信的基石，其性能直接影响着整个网络的运行效率和稳定性。随着网络规模的扩大和业务需求的多样化，传统的网络层协议面临着越来越多的挑战。因此，对网络层协议进行优化实践，以提高其性能、可靠性和可扩展性，成为了当前网络技术研究的重要方向之一。

网络层协议优化的意义在于，通过改进网络层协议的设计和实现，可以提高网络的吞吐量、降低延迟、减少丢包率等性能指标，从而提升网络的整体性能。同时，优化实践还可以帮助网络更好地适应各种应用场景的需求，为用户提供更加稳定、高效和可靠的网络服务。

（二）网络层协议优化的关键技术

1. 路由优化：路由优化是网络层协议优化的重要方面之一。通过改进路由算法和策略，可以优化网络中的数据传输路径，降低网络延迟和抖动，提高网络吞吐量。例如，可以采用基于多路径的路由算法，根据网络的实际状况选择最优的传输路径；还可以利用 SDN 技术实现网络流量的灵活调度和管理。

2.拥塞控制：拥塞控制是网络层协议优化的另一个关键技术。通过调整TCP 的拥塞控制算法和参数，可以降低网络中的拥塞程度，提高数据传输的效率和稳定性。例如，可以采用基于丢包率的拥塞控制算法，根据网络的丢包情况动态调整发送方的发送速率；还可以利用 ECN（显式拥塞通知）等技术来提前感知网络拥塞并采取相应的措施。

3.流量整形与分类：流量整形与分类技术可以根据业务类型和数据流的特性对网络流量进行精细化管理和控制。通过对不同业务类型的数据流进行优先级划分和队列管理，可以确保高优先级的数据流能够得到优先处理和传输，从而提高网络的整体性能和用户体验。

4.协议栈优化：协议栈优化是提升网络层协议性能的重要手段之一。通过对协议栈参数和配置的优化，可以提高协议栈的处理效率和性能。例如，可以调整 TCP 的滑动窗口大小、重传定时器等参数来优化 TCP 协议的性能；还可以采用硬件加速技术来减轻主机负载并提高数据传输效率。

（三）网络层协议优化的实践案例

1.IPv6 的部署与优化：IPv6 作为下一代互联网协议，具有更大的地址空间和更好的通信效率。通过部署 IPv6 并对其进行优化实践，可以提高网络的扩展性和性能。例如，可以采用 IPv6 的自动配置和地址分配机制来简化网络配置过程；还可以利用 IPv6 的流标签和扩展头部等特性来实现更加灵活和高效的数据传输。

2.MPLS VPN 的优化：MPLS VPN 是一种基于 MPLS 技术的虚拟专用网

络解决方案。通过对 MPLS VPN 进行优化实践，可以提高其可靠性、安全性和可扩展性。例如，可以优化 MPLS VPN 的标签分配和转发机制来降低网络延迟和提高吞吐量；还可以加强 MPLS VPN 的安全防护措施来确保数据传输的安全性。

（四）网络层协议优化的未来发展与挑战

随着云计算、物联网、大数据等新技术的不断发展，网络层协议面临着更加复杂和多样化的应用场景和需求。未来网络层协议的优化将需要更加注重智能化、自适应化和跨层优化等方面的发展。同时，网络安全和隐私保护也将成为网络层协议优化中不可忽视的重要方面之一。此外，随着网络规模的不断扩大和业务需求的不断增加，网络层协议优化还需要解决可扩展性和可管理性等方面的挑战。

第五章 传输层协议

第一节 传输层的功能与服务

一、传输层的基本功能

（一）端到端的通信服务

传输层是网络通信中的重要层级，其主要功能之一是提供端到端的通信服务。这意味着传输层负责将源端应用程序生成的数据，通过网络传输到目的端应用程序，并确保数据的完整性和顺序性。传输层通过端口号来标识不同的应用程序，从而实现了多个应用程序之间的数据交换。

在端到端的通信服务中，传输层需要解决的主要问题包括：如何建立、维护和终止连接，如何确保数据的可靠传输，以及如何处理数据传输过程中的错误和异常。为此，传输层定义了多种协议，其中最为常用的是 TCP 和 UDP。

TCP 是一种面向连接的协议，它通过三次握手建立连接，并使用序列号、确认应答机制等技术确保数据的可靠传输。UDP 则是一种无连接的协议，它不需要建立连接，也不提供数据可靠传输的保证，但具有更高的传输效率。

（二）流量控制与拥塞控制

流量控制和拥塞控制是传输层中的另外两个重要功能。流量控制主要用于防止发送方发送数据的速率过快，导致接收方无法及时处理，从而造成数据丢失或缓冲区溢出。传输层通过限制发送方的发送速率，以及利用滑动窗口机制等技术来实现流量控制。

拥塞控制则是为了解决网络中的拥塞问题而设计的。当网络中出现拥塞时，传输层会采取一系列措施来降低发送速率，以减轻网络负载。这些措施包括慢开始、拥塞避免、快重传和快恢复等。

（三）多路复用与多路分解

多路复用和多路分解是传输层中用于提高网络资源利用率的重要技术。多路复用允许多个应用程序在同一时间使用同一个网络连接进行数据传输，从而提高网络连接的利用率。而多路分解则是将网络中的数据根据端口号分别传输给不同的应用程序。

在传输层中，每个应用程序都拥有一个唯一的端口号，通过端口号，传输层可以将来自网络层的数据包准确地分发给对应的应用程序。同时，传输层也可以将多个应用程序的数据合并成一个数据包进行传输，从而实现多路复用。

（四）错误检测与恢复

在数据传输过程中，由于网络故障、设备故障或人为错误等原因，可能会导致数据丢失、损坏或乱序。为了应对这些问题，传输层提供了错误检测和恢复机制。

传输层通过计算校验和来检测数据在传输过程中是否出现错误。如果检测到错误，传输层会采取相应的措施来恢复数据。对于 TCP 协议来说，它会请求发送方重传丢失或损坏的数据包；而对于 UDP 协议来说，由于它不提供可靠传输的保证，因此需要由应用程序来负责错误检测和恢复。

此外，传输层还提供了超时重传、滑动窗口等技术来应对网络中的丢包和延迟问题，确保数据的可靠传输。这些技术的使用使得传输层能够在网络环境不稳定的情况下依然保持较高的数据传输效率和可靠性。

二、传输层提供的服务类型

（一）面向连接的服务与无连接的服务

1.面向连接的服务：这种类型的服务在数据传输前需要先建立连接，确保双方能够成功通信。在传输层中，这种服务通常由 TCP 提供。面向连接的服务特点包括可靠性高、数据顺序和完整性有保证。通过建立连接，双方可以确认彼此的存在和准备好进行数据交换，从而大大降低了数据丢失或乱序的风险。此外，面向连接的服务通常还具备流量控制和拥塞控制机制，能够动态调整数据传输速率，以适应网络状况的变化。

2.无连接的服务：与面向连接的服务不同，无连接的服务在数据传输前不需要建立连接。这种服务通常由 UDP 提供。无连接服务的优势在于其高效性和灵活性，因为无需进行连接建立和拆除的过程。然而，这种服务的可靠性相对较低，数据包可能会丢失、乱序或重复。因此，无连接的服务通常用于对实时性要求较高或能够容忍一定数据丢失的应用场景，如流媒体传输、实时游戏等。

（二）可靠的数据传输与不可靠的数据传输

1. 可靠的数据传输：传输层提供的可靠数据传输服务能够确保数据在传输过程中的完整性、顺序性和正确性。这种服务通常采用确认、重传和流控制等机制来实现。当接收方成功接收到数据包后，会向发送方发送确认信息；如果发送方在规定时间内未收到确认信息，则会重传数据包。这些措施共同保证了数据的可靠传输。可靠的数据传输服务适用于对数据传输质量有严格要求的应用场景，如文件传输、数据库同步等。

2. 不可靠的数据传输：与可靠的数据传输相比，不可靠的数据传输服务不保证数据的完整性、顺序性和正确性。这种服务通常不采用确认和重传机制，而是直接将数据包发送到网络上。由于省去了这些额外的开销，不可靠的数据传输具有较高的传输效率。然而，这也意味着接收方可能会收到损坏、乱序或重复的数据包。不可靠的数据传输服务适用于对实时性要求较高且能够容忍一定数据错误的应用场景，如实时音视频传输、在线游戏等。

（三）数据传输的效率与安全性

在传输层，服务的效率与安全性是两个重要的考量因素。效率方面，传输层协议通过优化数据包的大小、传输速率和拥塞控制机制等来提高数据传输的效率。例如，TCP 协议通过滑动窗口机制实现流量控制和拥塞控制，以平衡网络负载并避免数据丢失。安全性方面，传输层协议可以提供加密和身份验证功能，确保数据在传输过程中的机密性、完整性和真实性。例如，SSL/TLS 协议在传输层为数据通信提供加密和身份验证服务，广泛应用于网页浏览、电子邮件等场景。

（四）服务的定制性与灵活性

传输层服务的定制性和灵活性也是其重要特点。不同的应用场景可能需要不同的传输层服务配置。例如，在需要高可靠性的场景中（如金融交易），可以选择使用 TCP 协议并提供严格的错误检测和恢复机制；而在需要高实时性的场景中（如实时音视频通信），则可能更倾向于使用 UDP 协议以减少传输延迟。此外，一些先进的传输层协议还支持 QoS 控制，允许用户根据具体需求调整服务的参数配置，从而进一步提高了服务的灵活性和可定制性。这种定制性和灵活性使得传输层服务能够广泛适应各种不同的应用场景和需求。

三、传输层在网络中的作用

（一）提供端到端的通信服务

传输层在网络中扮演着至关重要的角色，其首要任务是提供端到端的通信服务。在网络通信中，源端应用程序产生的数据需要通过多个网络节点进行传输，最终到达目的端应用程序。而传输层正是实现这一过程中数据可靠传输的关键所在。

首先，传输层通过定义端口号来标识不同的应用程序，使得多个应用程序可以在同一时间使用同一个网络连接进行数据传输。这种机制大大提高了网络连接的利用率，同时也简化了网络管理。

其次，传输层提供了面向连接和无连接的服务。面向连接的服务如 TCP 协议，通过三次握手建立连接，确保双方能够成功通信。在通信过程中，传输层会进行流量控制、拥塞控制等操作，以保证数据的可靠传输。而无连接的服务如 UDP 协议，则不需要建立连接，直接发送数据报。虽然 UDP 不提供可靠传输的保证，但其高效性和灵活性使得它在某些实时性要求较高或能够容忍一定数据丢失的应用场景中得到广泛应用。

最后，传输层还提供了差错检测和恢复机制。当数据在传输过程中发生错误时，传输层会检测到这些错误并采取相应的措施进行恢复，如重传丢失或损坏的数据包等。这些机制保证了数据的完整性和准确性，使得应用程序能够正确地接收和处理数据。

（二）实现网络资源的有效管理

传输层在网络中还起到了实现网络资源有效管理的作用。在数据传输过程中，传输层会根据网络状况动态调整数据传输速率，以避免网络拥塞和数据丢失等问题。

具体来说，传输层通过流量控制和拥塞控制机制来实现网络资源的有效管理。流量控制机制使得发送方能够根据接收方的处理能力来限制发送数据的速率，从而避免接收方因处理不过来而导致的数据丢失或缓冲区溢出等问题。而拥塞控制机制则使得发送方能够根据网络状况来调整发送数据的速率和策略，以避免网络拥塞和数据传输延迟等问题。

此外，传输层还通过多路复用和多路分解技术来进一步提高网络资源的利用率。多路复用允许多个应用程序在同一时间使用同一个网络连接进行数据传输，而多路分解则能够将来自网络层的数据包准确地分发给对应的应用程序。这些技术使得传输层能够充分利用网络资源，提高数据传输的效率和可靠性。

（三）支持多样化的应用需求

传输层在网络中的另一个重要作用是支持多样化的应用需求。随着互联网的不断发展，各种新型应用层出不穷，这些应用对传输层提出了不同的需求。

例如，一些实时性要求较高的应用（如实时音视频通信）需要传输层提供低延迟、高带宽的服务；而一些对数据传输质量有严格要求的应用（如金融交易）则需要传输层提供可靠、准确的数据传输服务。为了满足这些多样化的应用需求，传输层提供了多种不同的协议和机制供应用程序选择和使用。

具体来说，TCP 协议适用于需要可靠传输的应用场景，而 UDP 协议则适用于对实时性要求较高或能够容忍一定数据丢失的应用场景。此外，一些先进的传输层协议还支持 QoS 控制，允许用户根据具体需求调整服务的参数配置，从而进一步提高了服务的灵活性和可定制性。

（四）增强网络的安全性和可靠性

最后，传输层在网络中还起到了增强网络的安全性和可靠性的作用。传输层通过加密和身份验证等机制来保护数据的机密性、完整性和真实性，使得应用程序能够安全地进行数据传输。

具体来说，传输层可以提供数据加密服务，使得数据在传输过程中不会被非法获取或篡改。同时，传输层还可以提供身份验证服务，确保只有经过授权的应用程序才能访问网络资源。这些机制大大提高了网络的安全性，保护了用户数据的安全和隐私。

四、传输层与网络层、应用层的关系

（一）传输层与网络层的关系

1.数据封装与解封装：网络层负责将数据封装成 IP 数据包，并在数据包中包含源 IP 地址和目标 IP 地址等信息。而传输层则进一步将网络层传递过来的数据封装成 TCP 或 UDP,并在其中添加源端口号和目标端口号等信息。在接收端,传输层会先将数据从网络层接收的 IP 数据包中提取出来,然后将其解封装为传输层报文段或用户数据报,再传递给应用层。

2. 服务类型与可靠性:网络层主要提供的是无连接的服务,即 IP 协议是一种面向无连接的协议,它只负责将数据从源主机传输到目标主机,但不保证数据的可靠传输。而传输层则提供了可靠的数据传输服务,如 TCP 协议通过确认应答、重传等机制确保数据的完整性和顺序性。

3. 流量控制与拥塞控制:虽然网络层在路由器上实现了一些简单的流量控制和拥塞控制策略,但传输层提供了更为精细和复杂的流量控制和拥塞控制机制。例如,TCP 协议中的滑动窗口机制可以动态调整发送方的发送速率,以适应接收方的处理能力,从而避免网络拥塞。

4. 网络层与传输层的协同工作:在数据传输过程中,网络层和传输层是紧密协作的。网络层负责将数据从源主机传输到目标主机,而传输层则负责在源主机和目标主机之间提供可靠的数据传输服务。两者共同确保数据能够准确、可靠地传输到目的地。

(二)传输层与应用层的关系

1. 服务请求与响应:应用层是用户与网络之间的接口,它负责向用户提供各种网络服务。当应用层需要传输数据时,它会向传输层发送服务请求,传输层根据请求选择合适的传输协议(如 TCP 或 UDP)进行数据传输。在数据成功传输后,传输层会将结果返回给应用层。

2. 数据格式与转换:应用层通常使用特定的数据格式(如 HTTP、FTP 等协议)来传输数据。而传输层则负责将这些数据转换为适合网络传输的格式(如 TCP 报文段或 UDP 数据报),并在接收端将其还原为原始数据格式。

3. 应用层协议与传输层协议的关联：许多应用层协议都与特定的传输层协议相关联。例如，HTTP 协议通常基于 TCP 协议进行数据传输，因为 TCP 提供了可靠的数据传输服务；而 DNS 协议则使用 UDP 协议进行域名解析，因为 UDP 对实时性要求较高且能够容忍一定数据丢失。

4. 传输层与应用层的协同工作：在数据传输过程中，传输层和应用层也是紧密协作的。应用层负责将数据段分成一些小块并发送给传输层；传输层则将这些小块处理为数据包并发送到网络层；网络层将数据包传输到目标主机；最后由目标主机的传输层将数据包重组为数据块并交给应用层处理。这种协同工作确保了数据能够正确、高效地在源主机和目标主机之间传输。

第二节 TCP 协议原理与机制

一、TCP 协议的工作原理

TCP 协议的工作原理可以从以下三个方面进行详细分析：

（一）数据传输与确认

TCP 协议提供可靠的数据传输服务，主要通过以下机制实现：

1. 数据分段：TCP 将应用层发送的数据流分割成适当大小的报文段，每个报文段都有唯一的序列号。

2. 确认应答：接收方在成功接收数据后，会发送一个包含确认序列号的 ACK 包，告知发送方哪些数据已被成功接收。

3. 超时重传：如果发送方在一定时间内未收到接收方的确认应答，会认为数据丢失并启动重传机制。

（二）流量控制与拥塞控制

TCP 协议通过流量控制和拥塞控制机制来优化数据传输效率：

1. 流量控制：通过滑动窗口机制，接收方可以动态调整窗口大小，告知发送方其缓冲区剩余空间，从而控制发送方的发送速率。

2. 拥塞控制：TCP 通过慢开始、拥塞避免、快重传和快恢复等算法来检测和处理网络拥塞，避免网络拥塞导致的数据传输延迟和丢失。

（三）错误检测与恢复

TCP 协议通过校验和机制来检测数据传输过程中的错误，并通过重传机制来恢复错误数据：

1. 校验和计算：在发送数据时，TCP 会计算数据的校验和并附加在报文段中。接收方在接收到数据后，会重新计算校验和并与报文段中的校验和进行比较，以检测数据是否在传输过程中发生错误。

2. 错误恢复：如果接收方检测到数据错误，会丢弃该数据并等待发送方的重传。发送方在收到接收方的重传请求或超时未收到确认应答时，会重新发送数据。

总的来说，TCP 协议的工作原理涵盖了连接建立与终止、数据传输与确认、流量控制与拥塞控制以及错误检测与恢复等方面。这些机制共同确保了 TCP 协议能够提供可靠、有序和高效的数据传输服务。

二、TCP 连接的建立与终止

（一）TCP 连接的建立

TCP 连接的建立过程，通常被称为"三次握手"，是 TCP 协议确保数据传输可靠性的重要步骤。以下是该过程的详细分析：

1. 初始同步请求（SYN）

客户端向服务器发送一个 SYN 包，该包中包含客户端的初始序列号（假设为 X）。这个序列号用于后续的数据传输和确认。SYN 包还包含其他 TCP 头部信息，如窗口大小、最大段大小等，这些信息用于后续的流量控制和拥塞控制。

2. 同步确认（SYN-ACK）

服务器收到客户端的 SYN 包后，会发送一个 SYN-ACK 包作为响应。SYN-ACK 包中包含服务器的初始序列号（假设为 Y），以及一个确认号（ACK=X+1），表示对客户端 SYN 包的确认。服务器还会根据自身的网络状况和资源情况，调整 TCP 头部中的相关参数，如窗口大小、拥塞控制窗口等。

3. 最终确认（ACK）

客户端收到服务器的 SYN-ACK 包后，会发送一个 ACK 包作为最终确认。ACK 包中的确认号（ACK=Y+1）表示对服务器 SYN-ACK 包的确认。此时，TCP 连接已成功建立，双方可以进行数据传输。

（二）TCP 连接的终止

TCP 连接的终止过程，通常被称为"四次挥手"，是 TCP 协议确保双方资源正确释放的重要步骤。以下是该过程的详细分析：

1. 第一次挥手

当一方（如客户端）想要关闭连接时，会发送一个 FIN 包给另一方（如服务器）。FIN 包中包含一个序列号，表示发送方到目前为止已发送的数据的最后一个字节的序列号。

2.第二次挥手

接收方收到 FIN 包后，会发送一个 ACK 包作为确认。ACK 包中的确认号设置为发送方 FIN 包的序列号加 1，表示接收方已经成功接收了 FIN 包之前的所有数据。

3.第三次挥手

如果接收方（如服务器）也想要关闭连接，会发送一个 FIN 包给发送方（如客户端）。这个 FIN 包同样包含一个序列号，表示接收方到目前为止已发送的数据的最后一个字节的序列号。

4.第四次挥手

发送方收到接收方的 FIN 包后，会发送一个 ACK 包作为确认。ACK 包中的确认号设置为接收方 FIN 包的序列号加 1，表示发送方已经成功接收了接收方的 FIN 包。此时，TCP 连接已经完全关闭，双方都可以释放连接所占用的资源。

三、TCP 的流量控制与拥塞控制

（一）流量控制的原理与机制

TCP 的流量控制是确保发送方的发送速率不超过接收方处理能力的关键机制。其原理基于滑动窗口协议，通过动态调整发送方的发送窗口大小来实现。

1.滑动窗口机制

TCP 采用大小可变的滑动窗口机制进行流量控制。窗口大小的单位是字节，代表接收方当前能够连续接收的数据量最大值，即接收缓冲区空闲区的大小。接收方每成功接收一个 TCP 数据包（segment），都会回发一个确认的数据包（ACK），其中的 window size 字段会通知发送方当前接收窗口的大小。发送方根据接收到的 window size 字段值调整自己的发送窗口大小，从而控制发送速率。

2. 动态调整

随着数据的传输和接收，接收方的接收缓冲区空闲区大小会不断变化，因此接收窗口的大小也会动态调整。当接收窗口减小至零时，表示接收缓冲区已满，发送方需暂停发送数据，等待接收方发送新的 window size 值。发送方会启动一个持续计时器，在计时器到期时发送零窗口探测报文段，以了解接收窗口是否恢复。

3. 防止数据丢失

通过流量控制，TCP 能够避免发送方发送速率过快导致接收方来不及处理而丢弃数据包的情况。这不仅减少了数据包的丢失，还提高了网络资源的利用率。

（二）拥塞控制的原理与机制

TCP 的拥塞控制是防止过多数据注入网络，避免网络拥塞的重要机制。其基于一系列拥塞控制算法来实现。

1. 慢启动与拥塞避免

TCP 在连接初始化或超时后使用慢启动机制来增加拥塞窗口的大小。初始值一般为最大分段大小（MSS）的两倍，但增长极快。当拥塞窗口超过慢启动阈值（ssthresh）时，算法进入拥塞避免阶段，此时拥塞窗口在每次往返时间内线性增加一个 MSS 大小。

2. 快重传与快恢复

当 TCP 检测到三个或三个以上重复的 ACK 时，认为数据包已丢失，并立即重传该数据包，而无需等待超时定时器超时。这称为快重传。与此同时，TCP进入快恢复阶段，将慢启动阈值（ssthresh）设置为当前拥塞窗口的一半，并将拥塞窗口设置为 ssthresh 加上三个 MSS 的大小。

3. 避免拥塞崩溃

通过拥塞控制，TCP 能够避免网络中的路由器或链路超载，从而防止网络拥塞崩溃。这不仅保证了数据传输的可靠性，还提高了整个网络的稳定性和性能。

（三）流量控制与拥塞控制的协同作用

流量控制和拥塞控制是 TCP 协议中两个重要的控制机制，它们相互协同，共同确保数据传输的可靠性和网络的稳定性。

1. 相互补充

流量控制主要关注发送方与接收方之间的点对点通信，通过动态调整发送窗口大小来控制发送速率；而拥塞控制则关注整个网络的状况，通过一系列算法来避免网络拥塞。

两者相互补充，共同确保数据传输的顺利进行。

2. 提高网络性能

通过流量控制和拥塞控制的协同作用，TCP 能够有效地避免数据包的丢失和重传，减少网络资源的浪费。同时，它们还能够提高网络的吞吐量和传输效率，从而提升整个网络的性能。

（四）流量控制与拥塞控制在实际应用中的重要性

在实际应用中，流量控制和拥塞控制对于确保网络的稳定性和数据传输的可靠性具有重要意义。

1.避免网络拥塞

通过拥塞控制算法，TCP 能够预测和避免网络拥塞的发生，确保数据传输的顺利进行。这对于需要高可靠性和稳定性的应用尤为重要。

2.优化网络资源利用

流量控制通过动态调整发送窗口大小来优化网络资源的利用，避免发送方发送速率过快导致接收方处理不及而丢弃数据包的情况。这有助于提高网络资源的利用率和整体性能。

四、TCP 协议的性能优化

TCP 协议的性能优化是确保网络通信高效、稳定的关键环节。从多个方面入手，可以有效提升 TCP 协议的传输效率和用户体验。以下从四个方面对 TCP 协议的性能优化进行详细分析：

（一）基于协议的优化

1.TCP Fast Open (TFO)

TCP Fast Open 是一种旨在减少连接建立延迟的技术。通过允许在 SYN 包中携带加密的握手信息，可以跳过传统的三次握手中的一次或多次往返，从而加快连接建立的速度。这对于需要频繁建立连接的应用场景（如 HTTP/2）尤为重要。实施 TFO 需要客户端和服务器的支持，并且需要在操作系统或网络协议栈中进行相应的配置。通过启用 TFO，可以显著降低连接建立的延迟，提高应用的响应速度。

2.TCP BBR 算法

TCP BBR 算法是一种基于拥塞控制和带宽预测的拥塞控制算法。它通过智能地选择拥塞窗口大小，以在高延迟和高丢包率的网络环境下保持较高的性能。BBR 算法以瓶颈带宽（Bottleneck Bandwidth）和往返时间（Round-Trip Time）为参考，动态调整发送速率和拥塞窗口大小，以适应网络的变化。通过实施 BBR 算法，可以提高 TCP 协议在复杂网络环境下的吞吐量和延迟性能。

3.Selective Acknowledgment (SACK)

SACK 是一种允许接收方告知发送方已成功接收的数据段范围的机制。通过 SACK，发送方可以只重传丢失的数据段，而不是整个数据包，从而加快数据传输速度。SACK 可以提高滑动窗口的利用率，减少不必要的重传，提高带宽的使用效率。在数据传输过程中，SACK 可以有效减少网络拥塞和延迟，提升用户体验。

（二）基于网络环境的优化

1.TCP 加速器

TCP 加速器是一种通过优化 TCP 连接的关键参数和算法来提高数据传输效率和降低延迟的设备或软件。它可以通过调整 TCP 窗口大小、启用窗口缩放选项、调整 Nagle 算法和确认延迟策略等方式来优化 TCP 性能。TCP 加速器可以部署在客户端、服务器或网络中间设备（如路由器、交换机）上，通过智能地调整 TCP 参数和算法，提高数据传输效率和网络性能。

2. 动态重传超时参数调整

TCP 协议中定义了重传超时时间，用于探测丢包并进行重传。通过动态调整重传超时时间的算法和参数，可以提高 TCP 协议的传输效率和侦测丢包的准确性。在网络延迟和丢包率较高的环境中，可以适当增加重传超时时间以避免不必要的重传；而在网络状况较好的环境中，则可以适当减小重传超时时间以提高数据传输速度。

（三）基于应用场景的优化

1.大文件传输优化

对于大文件传输场景，可以通过调整 TCP 窗口大小、启用窗口缩放选项等方式来提高数据传输效率。此外，还可以采用并行传输、分段传输等技术来进一步加速文件传输过程。

2.实时通信优化

对于实时通信应用（如语音、视频通话），需要确保数据的实时性和低延迟。可以通过启用 TCP_NODELAY 选项、减少 Nagle 算法的影响等方式来降低数据传输的延迟。同时，还可以采用基于 UDP 的实时传输协议（如QUIC）来替代 TCP 协议，以满足实时通信的需求。

（四）安全性与性能并重的优化

1.加密传输

为了保障数据传输的安全性，可以采用 SSL/TLS 等加密技术来加密TCP 数据流。虽然加密会增加一定的计算开销和传输延迟，但可以提高数据传输的机密性和完整性保护。

2.安全性能平衡

在进行 TCP 协议性能优化的同时，也需要考虑安全性。通过采用合适的加密算法、密钥管理方案以及安全协议等措施，可以在保障数据传输安全性的同时，实现高效的性能优化。例如，可以采用 AES-256 等高性能加密算法来提高加密效率；通过优化密钥管理方案来降低密钥交换的开销；采用QUIC 等基于 UDP 的安全传输协议来同时实现高性能和安全性的需求。

第三节　UDP 协议原理与特点

一、UDP 协议的工作原理

UDP 协议是一种在计算机网络中提供无连接、不可靠的数据传输服务的协议，它在 OSI 模型的传输层工作。以下从四个方面详细分析 UDP 协议的工作原理。

（一）无连接性

UDP 协议是一种无连接的协议，这意味着在数据传输之前，发送方和接收方之间不需要建立连接。UDP 协议在发送数据时，只是简单地将数据封装成数据报（Datagram），并附上源地址和目的地址等信息，然后直接发送到网络上。由于无需建立连接，UDP 协议在传输数据时具有较低的延迟，适合用于对实时性要求较高的应用场景，如实时音视频传输、网络游戏等。

（二）不可靠性

UDP 协议不保证数据的可靠传输，即它不提供数据的重传、排序和错误检测等机制。这是因为 UDP 协议认为网络是不可靠的，并且应用程序应该自行处理这些可靠性问题。因此，UDP 协议在传输数据时只提供最基本的传输服务，将数据报发送到网络上后就不再关心数据的传输结果。这种不可靠性使得 UDP 协议具有较高的传输效率，但也要求应用程序在接收数据时需要进行额外的处理，以确保数据的完整性和准确性。

（三）面向数据报

UDP 协议是面向数据报的协议，它将应用程序产生的数据封装成一个个独立的数据报进行传输。每个数据报都包含完整的源地址、目的地址、数据长度和校验和等信息。在传输过程中，每个数据报都是独立处理的，不会与其他数据报进行合并或拆分。这种面向数据报的特性使得 UDP 协议在传输数据时具有较大的灵活性，但也要求应用程序在接收数据时需要对每个数据报进行单独处理。

（四）传输效率

由于 UDP 协议具有无连接、不可靠和面向数据报等特性，使得它在传输数据时具有较高的效率。首先，由于无需建立连接和等待响应，UDP 协议在发送数据时具有较低的延迟。其次，由于不保证数据的可靠传输，UDP 协议在传输过程中不需要进行复杂的错误检测和重传等处理，从而提高了传输效率。最后，由于面向数据报的特性，UDP 协议在传输时可以灵活地选择数据报的大小和发送频率，以适应不同的网络环境和应用场景。这些特性使得 UDP 协议在实时音视频传输、网络游戏等对传输效率要求较高的应用场景中得到了广泛应用。

总的来说，UDP 协议的工作原理主要包括无连接性、不可靠性、面向数据报和传输效率等方面。这些特性使得 UDP 协议在实时性要求较高、对数据可靠性要求不高的应用场景中具有较大的优势。然而，由于 UDP 协议不保证数据的可靠传输，因此在使用 UDP 协议进行数据传输时需要注意数据的完整性和准确性问题。

二、UDP 与 TCP 的比较

（一）连接性与建立机制

TCP 是一种面向连接的协议，它要求通信双方在数据传输之前必须先建立连接。连接的建立通常通过三次握手的过程实现：首先，客户端发送 SYN 包到服务器，服务器响应 ACK 和 SYN 包，最后客户端再发送 ACK 包以确认连接建立。这种机制确保了数据传输的可靠性和顺序性。

UDP 则是一种无连接的协议，它在发送数据之前不需要建立连接。发送方只需将数据封装成数据报，并附上源地址和目的地址等信息，然后直接发送到网络上。由于没有连接建立的过程，UDP 的传输延迟较低，适用于对实时性要求较高的应用。

（二）可靠性与数据传输

TCP 协议提供可靠的数据传输服务。它使用确认和重传机制来确保数据的完整性和正确性。如果接收方没有收到数据或数据出现错误，发送方会重新发送数据，直到接收方确认收到正确的数据为止。此外，TCP 还通过流量控制和拥塞控制机制来防止数据丢失和拥塞，保证网络的稳定运行。

UDP 协议则不保证数据的可靠性。它没有确认和重传机制，也不提供流量控制和拥塞控制。因此，在传输过程中可能会出现数据丢失、重复或乱序的情况。然而，这种不可靠性也使得 UDP 具有更高的传输效率，适用于对实时性要求高、对数据丢失可容忍的应用。

（三）速度与效率

由于 TCP 需要建立连接和使用确认重传机制，因此在传输数据时通常比 UDP 慢。尤其是在网络状况较差或数据传输量较大时，TCP 的传输效率会受到较大影响。此外，TCP 的拥塞控制机制在网络拥堵时会降低传输速率，进一步降低传输效率。

UDP 则没有连接建立和确认重传的开销，因此在数据传输速度方面通常比 TCP 快。它不受拥塞控制的限制，可以更快地将数据发送到目的地址。这使得 UDP 在实时音视频传输、网络游戏等对实时性要求高的应用场景中具有较大的优势。

（四）适用场景与灵活性

TCP 适用于对数据可靠性要求较高的应用场景，如文件传输、电子邮件和网页浏览等。在这些场景中，数据的完整性和顺序性至关重要，因此需要使用 TCP 协议来确保数据传输的可靠性。

UDP 则适用于对实时性要求较高、对数据丢失可容忍的应用场景，如实时音视频传输、网络游戏和实时通信等。在这些场景中，数据的实时性比数据的完整性更重要，因此可以使用 UDP 协议来提高传输效率。此外，UDP还支持多播和广播传输，使得它在需要同时向多个接收方发送数据的场景中更具灵活性。

综上所述，UDP 和 TCP 在连接性、可靠性、速度和效率以及适用场景等方面存在显著的差异。选择使用哪种协议取决于具体的应用需求和网络环境。

三、UDP 协议的应用场景

UDP 协议由于其无连接、无状态、不可靠但高效的特点，在多个应用场景中发挥着重要作用。以下从三个方面对 UDP 协议的应用场景进行详细分析：

（一）实时通信与流媒体传输

UDP 协议在实时通信和流媒体传输领域具有广泛的应用。由于 UDP 不需要建立连接和等待确认，因此其传输延迟较低，适用于对实时性要求高的应用。例如，在 VoIP（Voice over Internet Protocol，网络电话）和视频会议应用中，UDP 协议被用于传输语音和视频数据。此外，流媒体传输如在线视频直播也常采用 UDP 协议，因为用户可以容忍一定的数据丢失，而更关注传输的实时性和流畅性。

具体来说，UDP 协议通过减少连接建立和数据传输过程中的开销，显著降低了传输延迟。在 VoIP 应用中，UDP 协议能够确保语音数据的实时传输，使通话更加流畅。在视频直播中，UDP 协议则能够支持大规模并发访问，确保视频数据的快速传输和实时播放。

（二）网络游戏

网络游戏是 UDP 协议另一个重要的应用场景。在游戏中，玩家之间的实时交互和响应速度至关重要。UDP 协议由于其高效、低延迟的特性，能够满足游戏数据传输的需求。在游戏中，玩家之间的状态更新、位置变化等信息通过 UDP 协议进行传输，确保了游戏的流畅性。

此外，UDP 协议还支持广播和多播功能，使得游戏服务器能够同时向多个玩家发送数据。这种一对多或多对多的通信模型在游戏场景中非常常见，例如全局公告、实时排名等。通过 UDP 协议的广播和多播功能，游戏服务器可以高效地与玩家进行通信，提高游戏的整体性能。

（三）DNS 服务

DNS 服务是互联网中不可或缺的一部分，它将域名解析为 IP 地址，使得用户可以通过域名访问网站和服务。在 DNS 服务中,UDP 协议被广泛应用。由于 DNS 查询通常较短且对实时性要求较高,UDP 协议能够快速地完成查询并返回结果。此外,UDP 协议还支持广播和多播功能,使得 DNS 服务能够同时处理多个查询请求,提高查询效率。

需要注意的是,虽然 UDP 协议在 DNS 服务中表现出色,但在处理大型响应或区域传输时,可能会遇到数据丢失或乱序的问题。因此,在某些情况下,DNS 服务也会使用 TCP 协议来确保数据传输的可靠性。

四、UDP 协议的性能与限制

(一) 性能优势

1.传输速度快:UDP 协议无需建立连接和等待确认,因此其传输速度通常比 TCP 协议快。这种无连接特性使得 UDP 协议在发送数据时具有较低的延迟,适用于对实时性要求高的应用场景。

2.开销小:UDP 协议的数据包头仅包含 8 个字节,相比 TCP 协议 20 个字节的头部,UDP 协议的开销更小。这使得 UDP 协议在传输数据时具有更高的效率,尤其是在传输大量小数据包时。

3.支持广播和多播:UDP 协议支持广播和多播功能,这使得 UDP 协议能够同时向多个接收方发送数据。这种一对多或多对多的通信模型在实时音视频传输、网络游戏等应用场景中非常有用,可以显著提高数据传输的效率。

4.灵活性高:UDP 协议是一种无状态的协议,发送方和接收方不需要维护连接状态。这使得 UDP 协议在处理大量并发连接时具有较高的灵活性,能够支持更多的用户同时在线。

（二）性能限制

1. 不可靠性：UDP 协议不保证数据的可靠传输，可能会出现数据丢失、乱序或重复的情况。这是因为 UDP 协议没有确认和重传机制，发送方在发送数据后不会等待接收方的确认，因此无法确保数据是否成功到达接收方。

2. 安全性问题：UDP 协议本身不提供加密和校验机制，因此容易被黑客攻击，从而泄露数据信息。这种安全性问题对于需要传输敏感信息的场景来说是一个巨大的威胁。

3. 传输速度不稳定：UDP 协议的传输速度受网络环境和数据量等因素影响，可能会出现时快时慢的情况。特别是在大文件传输时，这种不稳定性会对传输效率产生较大的影响。

4. 数据丢失问题：由于 UDP 协议没有重传机制，当网络状况不佳或数据包在网络中丢失时，接收方无法收到完整的数据。这种数据丢失问题对于需要保证数据完整性的应用来说是不可接受的。

（三）优化策略

1. 提升路由器性能：选择高性能的路由器设备，具备更快的处理速度和更大的缓存容量，可以有效减少数据包转发时的延迟和丢包率，提升网络性能。

2. 实现快速数据包处理：采用专用硬件加速技术或高性能网络处理器，能够实现对 UDP 数据包的快速处理和转发。通过硬件加速，可以提高数据包处理的吞吐量和效率，降低延迟。

3. 配置合理的转发策略：在网络设备上配置合理的 UDP 数据包转发策略，根据业务需求和网络拓扑结构进行优化。合理的转发策略能够有效地分流流量、减少拥塞，提高数据包传输的稳定性和可靠性。

4.实施负载均衡：采用负载均衡技术将 UDP 数据包分发到多个服务器节点上，能够有效减轻单个节点的压力，提高整体系统的容量和性能。

（四）应用场景的考虑

在选择使用 UDP 协议时，需要根据具体的应用场景进行权衡。对于实时性要求高、对数据丢失可容忍的应用场景（如实时音视频传输、网络游戏等），UDP 协议是一个很好的选择。然而，对于需要保证数据可靠性和完整性的应用场景（如文件传输、远程控制等），则应该选择使用 TCP 协议或其他更可靠的传输协议。

第四节　传输层协议优化策略

一、传输层协议优化的必要性

在计算机网络中，传输层协议是确保数据在源端和目的端之间可靠、高效传输的关键。然而，随着网络应用的日益复杂和多样化，传统的传输层协议（如 TCP 和 UDP）在某些场景下可能无法满足实际需求。因此，对传输层协议进行优化显得尤为重要。以下从四个方面分析传输层协议优化的必要性：

（一）提高网络性能

1.优化数据传输效率：在网络通信中，数据传输效率是衡量网络性能的重要指标之一。通过对传输层协议进行优化，可以减少数据传输的延迟和丢包率，提高数据传输的效率和稳定性。

2.优化拥塞控制机制：网络拥塞是影响网络性能的重要因素。传统的拥塞控制机制可能无法适应现代网络的高负载和动态变化。通过优化拥塞控制算法，可以更好地控制数据流的发送速率，避免网络拥塞的发生，提高网络的吞吐量和稳定性。

（二）满足应用需求

1.适应实时性要求：对于实时性要求较高的应用（如在线游戏、实时音视频传输等），传统的传输层协议可能无法满足其低延迟和高可靠性的需求。通过优化传输层协议，可以降低数据传输的延迟，提高数据的传输效率，从而满足实时性要求。

2.支持多流传输：现代网络应用中，经常需要同时传输多个数据流。通过优化传输层协议，可以支持多流传输，实现数据流的并行传输和高效管理，提高数据传输的效率和灵活性。

（三）增强安全性

1.保障数据传输安全：在网络安全日益严峻的背景下，保障数据传输的安全性至关重要。通过优化传输层协议，可以引入更强大的加密和认证机制，确保数据在传输过程中的机密性、完整性和可用性。

2.防止网络攻击：网络攻击是网络安全的主要威胁之一。通过优化传输层协议，可以引入更先进的网络攻击防御机制，如防火墙穿透能力优化、访问控制策略等，防止网络攻击对数据传输的干扰和破坏。

（四）适应网络变化

1.适应动态网络环境：现代网络环境具有高度的动态性和复杂性。传统的传输层协议可能无法适应这种变化。通过优化传输层协议，可以使其更好地适应网络带宽、延迟、丢包率等网络参数的变化，提高网络的自适应能力和稳定性。

2.支持新型网络架构：随着云计算、物联网等新型网络架构的兴起，传统的传输层协议可能无法完全适应其需求。通过优化传输层协议，可以使其更好地支持这些新型网络架构，推动网络技术的持续发展和创新。

综上所述，对传输层协议进行优化是提高网络性能、满足应用需求、增强安全性和适应网络变化的必然要求。通过不断研究和探索新的优化策略和技术手段，可以进一步推动网络技术的发展和应用。

二、TCP 性能优化的技巧

TCP 作为一种面向连接的、可靠的传输层协议，在网络通信中扮演着至关重要的角色。然而，在实际应用中，TCP 的性能可能会受到多种因素的影响，如网络拥塞、延迟、丢包等。为了充分发挥 TCP 的性能优势，需要进行一系列的性能优化。以下从四个方面分析 TCP 性能优化的技巧：

（一）窗口大小优化

窗口大小是 TCP 协议中影响性能的关键因素之一。合理设置窗口大小可以显著提高 TCP 的传输效率。以下是窗口大小优化的几个技巧：

1.扩大窗口大小：通过增加 TCP 的窗口大小，可以提高发送方和接收方的数据传输速率。一般来说，较大的窗口大小可以减少传输过程中的等待时间，降低延迟。但是，过大的窗口大小也可能导致接收方缓冲区溢出，因此需要根据实际网络环境和应用需求进行合理设置。

2.启用大窗口扩展：在一些操作系统中，可以启用 TCP 的大窗口扩展功能，将窗口大小扩大到超过 64KB。这有助于进一步提高 TCP 的传输速率和吞吐量。

3.动态调整窗口大小：根据网络状况动态调整 TCP 窗口大小是一种有效的优化方法。在网络拥塞时，适当减小窗口大小可以降低发送速率，避免网络拥塞进一步加剧；在网络空闲时，增加窗口大小可以提高传输速率，充分利用网络资源。

（二）拥塞控制优化

拥塞控制是 TCP 协议中的一项重要机制，用于防止网络拥塞和保证网络稳定性。以下是拥塞控制优化的几个技巧：

1.调整拥塞窗口初始值：拥塞窗口的初始值决定了 TCP 连接建立时发送方的初始发送速率。根据网络环境和应用需求，合理设置拥塞窗口初始值可以平衡网络利用率和传输延迟。

2.优化拥塞避免算法：拥塞避免算法是 TCP 拥塞控制中的关键部分，它负责在网络拥塞时适当降低发送速率，避免拥塞加剧。通过调整拥塞窗口的增长速率和拥塞检测算法，可以优化拥塞避免算法的性能。

3.使用快速重传和快速恢复机制：快速重传允许发送方在连续收到三个重复的 ACK 时立即重传丢失的数据包，而无需等待超时。快速恢复机制则可以更快地恢复拥塞窗口，提高网络传输效率。这两种机制可以显著降低传输延迟和丢包率。

（三）传输方式选择

选择合适的传输方式也是 TCP 性能优化的重要手段之一。根据应用需求和网络环境选择合适的传输方式可以进一步提高 TCP 的传输性能。

1.TCP 与 UDP 的选择：TCP 适用于需要可靠传输的应用场景，如文件传输、数据库同步等；而 UDP 则适用于实时性要求较高、对数据丢失容忍度较高的应用场景，如在线游戏、实时音视频传输等。在实际应用中，需要根据应用需求选择合适的传输协议。

2. 多路径传输：在某些情况下，采用多路径传输可以提高 TCP 的传输效率和稳定性。通过将数据流分成多个子流，分别通过不同的路径传输到接收方，可以降低网络延迟和故障对数据传输的影响。

（四）带宽管理工具使用

当出现带宽不足或网络拥塞时，使用带宽管理工具可以帮助优化 TCP 的传输性能。

1. 流量控制：通过带宽管理工具进行流量控制，可以限制某些应用的带宽占用，确保重要应用的数据传输得到优先处理。这有助于避免网络拥塞和提高整体网络性能。

2. 带宽分配：根据应用需求和网络环境，使用带宽管理工具进行带宽分配可以确保每个应用都能获得足够的带宽资源。这有助于提高 TCP 的传输效率和稳定性。

3. 监控与日志记录：通过带宽管理工具的监控和日志记录功能，可以实时了解网络状态和 TCP 传输情况。这有助于及时发现和解决问题，确保TCP 传输的稳定性和可靠性。

三、UDP 性能提升的方法

UDP 作为一种无连接的、不可靠的传输层协议，在网络通信中因其高效、低延迟的特性而备受青睐。然而，UDP 的不可靠性也带来了一些挑战，如数据丢失、乱序等。为了充分发挥 UDP 的性能优势并解决其潜在问题，可以从以下四个方面进行性能提升：

（一）优化数据包大小与传输策略

1.控制数据包大小：UDP 数据包的大小应控制在 MTU 以下，以减少数据分片和重组的开销，降低丢包率和延迟。根据网络环境和应用需求，合理设置数据包大小，确保数据能够高效、稳定地传输。

2.使用数据包池：在高并发的实时传输场景中，频繁地创建和销毁 UDP 数据包会消耗大量系统资源。通过使用数据包池技术，预先分配一定数量的 UDP 数据包对象，并在使用时从池中获取，使用完成后回收至池中，以减少对象的频繁创建和销毁，降低系统资源的消耗。

3.多线程传输：UDP 基于无连接的特性使其能够支持多线程传输。通过采用多线程技术，可以同时传输多个数据包，提高数据传输的并发性和效率。

（二）网络环境与设备优化

1.提升路由器性能：路由器作为网络中的关键设备，其性能直接影响 UDP 数据包的转发效率。选择高性能的路由器设备，具备更快的处理速度和更大的缓存容量，能够有效减少数据包转发时的延迟和丢包率。

2.实现快速数据包处理：采用专用硬件加速技术或高性能网络处理器，能够实现对 UDP 数据包的快速处理和转发。通过硬件加速，可以提高数据包处理的吞吐量和效率，降低延迟，从而提升网络性能。

3.负载均衡：通过负载均衡技术将 UDP 数据包分发到多个服务器节点上，能够有效减轻单个节点的压力，提高整体系统的容量和性能。负载均衡技术可以平衡网络流量，避免拥塞和单点故障，确保数据能够稳定、高效的传输。

（三）协议层面的优化

1.设置超时时间与重传机制：UDP 协议不保证数据的可靠性，但可以通过在 UDP 包中添加序列号和超时时间的方式来判断数据是否上传成功。如果数据在指定的超时时间内没有收到确认，则需要重新发送该数据包。合理设置超时时间和重传机制可以提高数据的可靠性和传输效率。

2. 加密与认证：对于需要保护数据传输安全的应用，可以采用加密和认证技术对 UDP 数据包进行保护。加密技术可以确保数据在传输过程中的机密性和完整性，防止数据被窃取和篡改；认证技术可以验证数据的来源和完整性，确保数据的可靠性和可信性。

（四）监控与调优

1. 实时监控网络性能：通过实时监控网络设备和数据包转发过程中的性能指标（如延迟、丢包率、带宽利用率等），可以及时发现和解决潜在问题。实时监控有助于了解网络状态和数据传输情况，为性能调优提供有力支持。

2. 性能调优：根据实时监控的数据和网络环境的变化，对 UDP 传输策略进行动态调整和优化。例如，根据网络拥塞情况调整数据包大小、发送速率等参数；根据应用需求调整加密和认证策略等。通过性能调优可以确保 UDP 传输的稳定性和高效性。

综上所述，通过优化数据包大小与传输策略、网络环境与设备、协议层面以及监控与调优等方面的方法，可以显著提升 UDP 的性能表现。这些优化方法可以根据具体的应用场景和网络环境进行选择和调整，以满足不同的性能需求。

第六章 应用层协议

第一节 应用层协议的作用与分类

一、应用层协议在网络通信中的作用

（一）提供标准化的通信规则

应用层协议在网络通信中的首要作用是提供标准化的通信规则。网络通信是一个复杂的过程，涉及多个设备和系统的交互。为了确保这些交互能够顺利进行，必须有一套统一的规则来指导数据的传输和接收。应用层协议正是这样一套规则，它规定了在网络上运行的应用程序之间如何传递信息，从而确保了通信的顺畅进行。

这些规则包括但不限于数据的格式、编码方式、传输顺序以及错误检测与纠正等。例如，HTTP 协议就详细规定了客户端与服务器之间请求和响应的格式，以及如何处理错误和重定向等情况。这种标准化不仅简化了网络编程的复杂性，还使得不同厂商开发的应用程序能够无缝对接，共同构建一个互联互通的网络环境。

（二）保障数据传输的安全性和可靠性

应用层协议在保障数据传输的安全性和可靠性方面发挥着重要作用。随着网络技术的不断发展，网络安全问题日益突出。应用层协议通过采用加密、身份验证、数字签名等技术手段，确保了数据在传输过程中的机密性、完整性和真实性。

例如，SSL/TLS 协议在传输层之上提供了一个安全的通信通道，通过对数据进行加密和身份验证，防止了数据被窃取或篡改。这种安全性保障对于金融交易、个人信息传输等敏感场景至关重要。同时，应用层协议还可以通过错误检测和纠正机制来提高数据传输的可靠性，确保数据在传输过程中不会因为各种原因而丢失或损坏。

（三）优化网络性能和资源利用

应用层协议在优化网络性能和资源利用方面也起着关键作用。网络通信中，数据的传输效率和资源的合理利用是评价一个网络系统性能的重要指标。应用层协议通过设计合理的数据传输机制和控制策略，能够显著提高网络的传输效率和响应速度。

例如，一些流媒体协议能够根据网络带宽和延迟情况动态调整数据传输速率和质量，以确保用户能够流畅地观看视频内容。此外，应用层协议还可以通过缓存机制、数据压缩等手段来减少网络传输的数据量，从而节省带宽资源并提高响应速度。这些优化措施对于提升用户体验和降低运营成本具有重要意义。

（四）促进网络应用的创新与发展

应用层协议不仅为现有的网络应用提供了稳定的通信基础，还为新的网络应用的创新与发展提供了广阔的空间。随着技术的进步和用户需求的变化，新的网络应用不断涌现。这些新应用往往需要特定的通信需求和交互模式，而应用层协议正是实现这些需求的关键。

例如，随着物联网、云计算、大数据等技术的快速发展，越来越多的设备和应用需要接入互联网进行数据传输和交互。这就需要设计新的应用层协议来适应这些新场景和新需求。通过不断创新和完善应用层协议的设计和实现方式，我们可以推动网络技术的持续进步并满足用户不断增长的需求。同时这也将促进整个网络生态系统的繁荣与发展。

二、应用层协议的分类与特点

（一）应用层协议的分类

应用层协议可以根据其功能和用途进行多种分类。以下从几个常见的分类角度进行详细分析：

1.基于服务类型的分类

（1）基础设施类：这类协议为整个互联网的运行提供基础服务，如DNS 和 DHCP 协议。DNS 协议负责将域名转换为 IP 地址，使得用户可以通过易记的域名访问网络资源；DHCP 协议则用于自动分配 IP 地址，简化网络管理。

（2）网络应用类：基于不同的网络应用需求，这类协议又可以分为基于 C/S（客户端 / 服务器）模式的应用层协议（如电子邮件服务的 SMTP、文件传输服务的 FTP、Web 服务的 HTTP 等）和基于 P2P（Peer-to-peer，对等网络）模式的应用层协议（如文件共享 P2P 协议、即时通信 P2P 协议等）。

（3）网络管理类：主要用于网络设备的监控和管理，如 SNMP（Simple

Network Management Protocol，简单网络管理协议）。

2. 基于工作模式的分类

（1）请求 / 响应模式：许多应用层协议采用这种模式，如 HTTP 和 FTP。在这种模式下，客户端向服务器发送请求，服务器响应请求并返回结果。

（2）通知模式：某些协议采用这种模式，如 SMTP。服务器在适当的时候主动向客户端发送通知，如电子邮件的到达。

3. 基于通信范围的分类

（1）局域网协议：适用于局域网内的通信，如 NetBIOS（Network Basic Input/Output System，网上基本输入输出系统）和 SMB（Server Message Block，实验数据包验证学习）等。

（2）广域网协议：用于广域网或互联网上的通信，如 HTTP、FTP、SMTP 等。

（二）应用层协议的特点

1. 面向应用：应用层协议是为了满足特定应用的通信需求而设计的，它们关注应用层的功能和需求，如文件传输、电子邮件发送、网页浏览等。

2. 独立性：应用层协议独立于底层网络技术，如 TCP/IP。这种独立性使得应用层协议可以在不同的网络环境下正常工作，提高了应用程序的可移植性。

3. 易于理解和扩展：应用层协议的设计应具有良好的可读性和可理解性，便于程序员理解和实现。同时，应用层协议应具有良好的可扩展性，以满足不断变化的应用需求和技术发展。

4. 提供丰富的服务：应用层协议能够为应用程序提供丰富的服务功能，包括数据传输、数据安全、数据压缩、错误处理等。这些服务可以确保数据的完整性和可靠性，提高数据传输的效率。

（三）应用层协议的重要性

1.实现网络通信的关键：应用层协议是实现网络应用之间通信的关键。它们提供了一种标准化的通信方式，使得不同的应用程序之间能够互相理解和交换数据。

2.支持不同的应用需求：应用层协议可以支持不同应用的需求，包括在线游戏、即时通讯、视频流媒体、物联网等。这些不同的应用可能对通信的要求和特性有所不同，应用层协议能够根据具体的需求提供相应的通信功能和服务。

（四）应用层协议的发展趋势

1. SOA（Service-Oriented Architecture，面向服务的架构）：随着云计算和大数据技术的发展，越来越多的应用开始采用面向服务的架构。应用层协议也在向更加灵活和可定制的方向发展，以满足 SOA 架构的需求。

2.安全性与隐私保护：随着网络安全和隐私保护意识的提高，应用层协议在设计和实现时越来越注重安全性和隐私保护。例如，通过加密、身份验证、数字签名等技术手段来保护数据的机密性、完整性和真实性。

3.跨平台与互操作性：随着不同操作系统和设备之间的互操作性需求增加，应用层协议也在向更加跨平台的方向发展。这使得不同操作系统和设备上的应用能够更容易地进行通信和数据交换。

三、应用层协议与传输层协议的关系

应用层协议和传输层协议在计算机网络通信中各自扮演着重要角色，并且它们之间存在着密切的联系和相互作用。以下从四个方面详细分析应用层协议与传输层协议的关系：

（一）协议层次结构与功能划分

1.层次结构：在计算机网络通信中，应用层协议和传输层协议分别位于OSI 七层模型中的最高层和第四层。这种层次结构的设计使得网络通信更加有序和高效。

2.功能划分：应用层协议主要负责为用户提供各种网络服务，如文件传输、电子邮件、网页浏览等。而传输层协议则负责为应用层提供数据传输服务，确保数据的可靠传输和端到端的通信。

（二）数据传输与请求响应

1.数据传输：应用层协议通过传输层协议进行数据传输。当应用层需要发送数据时，它会将数据传递给传输层，由传输层选择合适的传输协议（如TCP 或 UDP）进行封装和传输。同样，当传输层接收到数据时，它会将数据传递给应用层进行处理。

2.请求响应：在应用层协议中，许多协议（如 HTTP）采用请求 / 响应模式进行通信。客户端向服务器发送请求，服务器处理请求并返回响应。在这个过程中，传输层协议为请求和响应提供了可靠的数据传输服务。

（三）端口与应用程序的映射

1.端口号的作用：在传输层中，端口号用于标识不同的应用程序。通过端口号，网络中的数据包可以准确地路由到目标应用程序。

2.应用程序与端口的映射：应用层协议通过指定端口号来与传输层进行交互。例如，HTTP 协议通常使用 80 端口进行通信，而 HTTPS（Hypertext

Transfer Protocol Secure，超文本传输安全协议）则使用 443 端口。这种映射关系使得应用程序能够通过网络与其他应用程序进行通信。

（四）安全性与可靠性保障

1. 安全性：应用层协议和传输层协议在保障网络通信的安全性方面共同发挥作用。传输层协议（如 TLS/SSL）提供了加密和身份验证机制，确保数据的机密性和完整性。而应用层协议则通过特定的安全协议（如 HTTPS）来利用传输层的安全机制，保护用户数据的安全。

2. 可靠性：传输层协议（如 TCP）提供了可靠的数据传输服务，通过确认、重传等机制确保数据的完整性和准确性。应用层协议则依赖传输层的可靠性保障，为用户提供稳定可靠的网络服务。

应用层协议和传输层协议在计算机网络通信中相互依存、相互作用。应用层协议通过传输层协议实现数据的传输和请求响应，而传输层协议则为应用层提供可靠的数据传输服务和端口映射功能。同时，两者在保障网络通信的安全性和可靠性方面也发挥着重要作用。因此，在应用网络技术和开发网络应用时，需要充分理解和应用这两个层次的协议。

四、常见应用层协议的简介

（一）HTTP 协议

HTTP 是互联网上应用最为广泛的一种应用层协议，用于万维网（WWW）上数据的传输。以下是 HTTP 协议的详细分析：

1. 定义与用途：HTTP 是一个客户端和服务器端请求和应答的标准（TCP）。客户端是终端用户，服务器端是网站。通过使用 Web 浏览器、网络爬虫或者其它的工具，客户端发起一个 HTTP 请求到服务器上指定端口（默认端口为 80）。

2. 工作原理：HTTP 协议采用请求 / 响应模型。客户端向服务器发送一个请求报文，请求报文包含请求的方法、URL（Uniform Resource Locator，统一资源定位系统）、协议版本、请求头部和请求数据等。服务器以一个状态行作为响应，响应的内容包括协议的版本、成功或者错误代码、服务器信息、响应头部和响应数据等。

3. 特点与优势：HTTP 协议具有简单快速、灵活、无连接和无状态等特点。这些特点使得 HTTP 协议成为互联网上最常用的协议之一。此外，HTTP 协议还支持 B/S 模式，能够通过浏览器直接访问网络资源。

4. 安全性与扩展性：HTTP 协议在安全性方面存在一些问题，如明文传输等。因此，HTTPS 协议应运而生，它在 HTTP 的基础上加入了 SSL/TLS 协议，提供了加密传输和身份验证等功能。此外，HTTP 协议还具有良好的扩展性，支持各种方法、头部和状态码等。

（二）FTP 协议

FTP 是用于在网络上进行文件传输的一种标准协议，使用客户服务器方式。以下是对于 FTP 协议的详细分析：

1. 定义与用途：FTP 协议允许用户通过 Internet 将一台计算机上的文件传输到另一台计算机上，不受操作系统和文件存储方式的限制。FTP 协议包括两个组成部分，其一为 FTP 服务器，其二为 FTP 客户端。

2. 工作原理：FTP 协议采用控制连接和数据连接分开传输的方式。控制连接用于发送和接收命令，数据连接则用于数据文件的传输。FTP 协议支持两种模式：主动模式和被动模式。主动模式下由服务器主动发起数据连接请求，而被动模式下则由客户端发起数据连接请求。

3.特点与优势：FTP 协议具有高效、可靠、安全等特点。通过 FTP 协议传输的文件可以确保数据的完整性和准确性。此外，FTP 协议还支持断点续传和文件目录管理等功能。

4.安全性与扩展性：FTP 协议在安全性方面存在一定的问题，如明文传输等。因此，许多 FTP 服务器都支持 SSL/TLS 加密传输以提高安全性。此外，FTP 协议也支持各种扩展命令和选项。

（三）SMTP 协议

SMTP 协议属于 TCP/IP 协议族，它帮助每台计算机在发送或中转信件时找到下一个目的地。以下是 SMTP 协议的详细分析：

1.定义与用途：SMTP 协议是一种提供可靠且有效电子邮件传输的协议。SMTP 是建立在 FTP 文件传输服务上的一种邮件服务，主要用于传输系统之间的邮件信息并提供与来信有关的通知。

2.工作原理：SMTP 协议采用 C/S 模型，通过 TCP 端口 25 进行通信。SMTP 协议规定了邮件的发送方和接收方如何交换信息以传输邮件。发送方通过 SMTP 协议将邮件发送到指定的 SMTP 服务器上，SMTP 服务器再将邮件转发到目标接收方的 SMTP 服务器上，最后由接收方的邮件客户端从 SMTP 服务器上接收邮件。

3.特点与优势：SMTP 协议具有简单、可靠、高效等特点。通过 SMTP 协议传输的邮件可以确保邮件的完整性和准确性。此外，SMTP 协议还支持多种邮件格式和编码方式。

4.安全性与扩展性：SMTP 协议在安全性方面存在一定的问题，如明文传输等。因此，许多 SMTP 服务器都支持 SSL/TLS 加密传输以提高安全性。此外，SMTP 协议还支持各种扩展命令和选项。

（四）DNS 系统

DNS 是互联网的一项核心服务，它作为可以将域名和 IP 地址相互映射的一个分布式数据库，能够使人更方便地访问互联网，而不用去记住能够被机器直接读取的 IP 数串。以下是 DNS 协议的详细分析：

1. 定义与用途：DNS 协议是一种将域名转换为 IP 地址的协议。通过 DNS 协议，用户可以通过易记的域名来访问网络资源而无需记住复杂的 IP 地址。DNS 协议为互联网上的每一个网络和每一台主机都分配了一个唯一的地址，这个地址称为 IP 地址。

2. 工作原理：DNS 协议采用分层的命名结构来组织和管理网络资源。每个域名都与一个或多个 IP 地址相关联。当用户输入一个域名时，DNS 系统会通过递归查询或迭代查询的方式找到与该域名相对应的 IP 地址并将该地址返回给用户。然后用户就可以通过该 IP 地址访问相应的网络资源了。

3. 特点与优势：DNS 协议具有可扩展性、灵活性、可靠性和安全性以及易于记忆和支持多种应用等优势。这些优势使得 DNS 系统能够为用户提供高效、便捷和安全的网络资源访问服务。

第二节　HTTP 协议原理与应用

一、HTTP 协议的基本工作原理

HTTP 协议是互联网上应用最为广泛的一种网络协议。它规定了客户端（通常是 Web 浏览器）和服务器之间交换信息的方式，是构建万维网（WWW）的基础。以下从四个方面详细分析 HTTP 协议的基本工作原理。

（一）请求／响应模型

HTTP 协议采用请求／响应模型进行通信。这意味着每当客户端（如 Web 浏览器）需要访问某个网络资源时，它会向服务器发送一个 HTTP 请求。服务器在接收到请求后，会解析请求内容，并执行相应的操作（如查询数据库、处理文件等）。然后，服务器会生成一个 HTTP 响应，并将响应返回给客户端。这种模型保证了通信的双向性和互动性。

在请求—响应模型中，HTTP 请求和响应都由多个部分组成。HTTP 请求包括请求行、请求头部和请求体（可选）三个部分。请求行包含了请求的方法（如 GET、POST 等）、请求的 URL 和 HTTP 协议版本等信息。请求头部则包含了客户端发送给服务器的各种元信息，如请求类型、用户代理、缓存控制等。请求体则包含了客户端发送给服务器的数据，通常用于 POST 请求。

HTTP 响应也包括状态行、响应头部和响应体三个部分。状态行包含了 HTTP 协议版本、状态码和状态描述等信息。状态码是一个三位数的数字，用于表示请求的处理结果，如 200 表示成功、404 表示未找到等。响应头部则包含了服务器返回给客户端的各种元信息，如内容类型、内容长度、服务器信息等。响应体则包含了服务器返回给客户端的数据，通常是 HTML、图片、音频等文件内容。

（二）无连接与无状态

HTTP 协议是一种无连接协议，即每次请求—响应完成后，连接就会被关闭。这意味着 HTTP 协议无法保持客户端和服务器之间的持久连接状态。这种设计简化了协议的实现，但也带来了一些问题，如无法利用 TCP 的流量控制和拥塞控制机制来优化传输效率。

另外，HTTP 协议也是一种无状态协议，即服务器不会记录前后请求之间的任何信息。每次请求都是独立的，服务器只会根据当前请求的内容进行处理并返回响应。这种设计使得 HTTP 协议更加简单和灵活，但也要求应用程序在必要时自行维护状态信息（如通过 Cookie、Session 等技术）。

（三）URI 与 URL

HTTP 协议使用 URI（Uniform Resource Identifier，统一资源标识符）来标识网络上的资源。URI 是一个通用的资源标识符，可以唯一地标识网络上的任何资源。在 Web 中，URI 通常被实现为 URL，即统一资源定位符。URL 不仅包含了资源的标识符，还包含了访问该资源所需的协议、主机名、端口号等信息。通过 URL，客户端可以准确地定位到服务器上的某个资源，并发送 HTTP 请求进行访问。

二、HTTP 请求与响应的格式

HTTP 协议是互联网上应用最为广泛的一种协议，用于从 Web 服务器传输超文本到本地浏览器的传输协议。HTTP 请求与响应的格式是 HTTP 协议的核心部分，它们定义了客户端（如 Web 浏览器）与服务器之间如何交换信息。以下从四个方面详细分析 HTTP 请求与响应的格式。

（一）HTTP 请求的格式

HTTP 请求由请求行、请求头部和请求正文（可选）三部分组成。

1. 请求行：请求行是 HTTP 请求的第一行，包含了请求方法、请求的 URL 和 HTTP 协议版本。请求方法指明了客户端希望服务器对资源执行的操作，常见的请求方法有 GET（查询）、POST（添加）、PUT（修改）、

DELETE（删除）等。请求的 URL 则指定了客户端希望访问的资源的地址。HTTP 协议版本则告诉服务器客户端使用的是哪个版本的 HTTP 协议，目前广泛使用的是 HTTP/1.1 版本。

2.请求头部：请求头部包含了客户端发送给服务器的各种元信息，用于描述一个具体的 HTTP 请求。请求头部由多个字段组成，每个字段都包含了一个关键字和一个值，用冒号（:）分隔。常见的请求头部字段包括 Host、User-Agent、Accept、Content-Type 等。这些字段提供了关于请求的各种信息，如客户端的类型、请求的媒体类型、请求正文的长度等。

3.请求正文：请求正文是可选的，它包含了客户端发送给服务器的数据。当使用 POST 或 PUT 方法发送请求时，通常需要包含请求正文。请求正文的内容取决于请求的类型和客户端发送的数据。

（二）HTTP 响应的格式

HTTP 响应由状态行、响应头部和响应正文三部分组成。

1.状态行：状态行是 HTTP 响应的第一行，包含了协议版本、状态码和状态描述。状态码是一个三位数的数字，用于表示请求的处理结果。常见的状态码包括 200（成功）、404（未找到）、500（服务器内部错误）等。状态描述则是对状态码的简短描述，用于帮助客户端理解状态码的含义。

2.响应头部：响应头部与请求头部类似，也包含了多个字段，用于描述一个具体的 HTTP 响应。常见的响应头部字段包括 Content-Type、Content-Length、Server 等。这些字段提供了关于响应的各种信息，如响应的媒体类型、响应正文的长度、服务器的类型等。

3.响应正文：响应正文是服务器返回给客户端的数据，它包含了客户端请求的资源内容。响应正文的内容取决于请求的类型和服务器返回的数据。

当浏览器向 Web 服务器发出请求时，服务器会返回一个 HTML 文档作为响应正文，浏览器会解析这个 HTML 文档并显示在屏幕上。

（三）HTTP 请求与响应的交互过程

HTTP 请求与响应的交互过程是一个典型的请求 / 响应模型。客户端发送一个 HTTP 请求到服务器，服务器解析请求并执行相应的操作，然后生成一个 HTTP 响应并返回给客户端。这个过程是双向的、有状态的，并且是基于 TCP/IP 协议栈的。在交互过程中，客户端和服务器会遵循 HTTP 协议的规范进行通信，确保数据的正确传输和处理。

（四）HTTP 请求与响应的编码与解析

HTTP 请求与响应的编码与解析是 HTTP 协议实现的关键环节之一。在发送 HTTP 请求时，客户端会将请求行、请求头部和请求正文进行编码，并将编码后的数据发送给服务器。服务器在接收到请求后，会按照 HTTP 协议的规范对请求进行解析，提取出请求行、请求头部和请求正文中的信息，并根据这些信息执行相应的操作。同样地，在发送 HTTP 响应时，服务器也会将状态行、响应头部和响应正文进行编码，并将编码后的数据发送给客户端。客户端在接收到响应后，会按照 HTTP 协议的规范对响应进行解析，提取出状态行、响应头部和响应正文中的信息，并根据这些信息更新界面或执行其他操作。

三、HTTP 协议的主要特性

HTTP 协议作为互联网上应用最为广泛的一种网络协议，具有其独特的特性，这些特性共同支撑了 Web 应用的运行。以下从四个方面对 HTTP 协议的主要特性进行详细分析：

（一）客户 / 服务器模式

HTTP 协议采用了客户 / 服务器模式，这是其最基本的特性之一。在这种模式下，HTTP 协议定义了两种角色：客户端和服务器。客户端通常是 Web 浏览器，用于发起请求和接收响应；服务器则是存储和管理资源的设备，负责接收请求、处理请求并返回响应。客户端与服务器之间通过 HTTP 请求和响应进行通信，实现了资源的请求和获取。

客户 / 服务器模式的优点在于其可扩展性和灵活性。由于客户端和服务器之间的通信是基于请求—响应模型的，因此可以很容易地扩展新的客户端和服务器，以支持更多的用户和资源。此外，由于 HTTP 协议是无状态的，因此服务器不需要保存每个客户端的状态信息，从而提高了服务器的可扩展性和性能。

（二）简单快速

HTTP 协议的另一个重要特性是简单快速。HTTP 请求和响应的格式都非常简单，易于理解和实现。客户端向服务器请求服务时，只需要传送请求方式和路径（即 URL），就可以获取所需的资源。由于 HTTP 协议简单，使得 HTTP 服务器的程序规模小，因而通信速度很快。这种简单快速的特性使得 HTTP 协议非常适合在 Internet 这样的大规模、异构、分布式环境中使用。

此外，HTTP 协议还支持多种请求方法，如 GET、POST、PUT、DELETE 等，这些方法具有不同的语义和用途，可以满足不同的应用需求。同时，HTTP 协议还允许传输任意类型的数据对象，如 HTML 文档、图片、音频、视频等，使得 Web 应用具有更加丰富的内容和交互性。

（三）无连接与无状态

HTTP 协议是无连接和无状态的协议，这是其与其他协议（如 TCP/IP 协议）的主要区别之一。无连接意味着每个 HTTP 请求都是独立的，服务器在处理完请求后会断开与客户端的连接。这种无连接的特性可以减轻服务器的负载，提高服务器的性能和可伸缩性。但同时也会增加连接的建立和关闭的开销，因此在某些情况下可能需要使用 Keep-Alive 等技术来保持连接以提高性能。

无状态则意味着 HTTP 协议对于事务处理没有记忆能力，即服务器不会保存之前请求的状态信息。这种无状态的特性使得 HTTP 协议更加简单和灵活，但也要求应用程序在必要时自行维护状态信息（如通过 Cookie、Session 等技术）。

（四）支持缓存与扩展性

HTTP 协议还支持缓存和扩展性。缓存是指将已经获取的资源存储在本地，以便在后续请求时直接从本地获取而不需要再次从服务器获取。HTTP 协议通过定义缓存控制头部字段来实现缓存功能，可以减少网络带宽的使用并提高性能。同时，HTTP 协议的头部允许添加自定义的字段，可以根据需求扩展协议的功能和语义。这种扩展性使得 HTTP 协议可以适应不断变化的 Web 应用需求和技术发展。

四、HTTP 协议在 Web 应用中的实际应用

HTTP 协议作为 Web 应用的基础，其在实际应用中发挥着至关重要的作用。以下从四个方面详细分析 HTTP 协议在 Web 应用中的实际应用。

（一）网页浏览与资源获取

HTTP 协议在 Web 应用中最直接的应用就是网页浏览和资源获取。当用户通过 Web 浏览器输入一个网址（URL）时，浏览器会发送一个 HTTP GET 请求到指定的服务器。服务器在接收到请求后，会解析请求并找到对应的资源（如 HTML 文档、图片、音频、视频等），然后生成一个 HTTP 响应并将资源返回给浏览器。浏览器在接收到响应后，会解析响应中的 HTML 文档，并将其渲染成用户可见的网页。

在这个过程中，HTTP 协议定义了请求和响应的格式、请求方法、状态码等关键元素，确保了客户端和服务器之间的正确通信和数据的正确传输。此外，HTTP 协议还支持各种数据格式的传输，包括文本、图片、音频、视频等，为 Web 应用提供了丰富的多媒体内容。

（二）表单提交与数据处理

在 Web 应用中，表单是用户与服务器进行交互的重要工具。当用户填写表单并提交时，浏览器会发送一个 HTTP POST 请求到服务器，并在请求正文中包含表单的数据。服务器在接收到请求后，会解析请求正文中的表单数据，并进行相应的处理（如存储到数据库、发送邮件等）。处理完成后，服务器会生成一个 HTTP 响应并返回给浏览器，告诉用户操作是否成功。

HTTP 协议中的 POST 方法非常适合用于表单提交和数据处理。它允许客户端在请求正文中发送大量的数据，并且这些数据可以被服务器解析并处理。同时，HTTP 协议的状态码和头部字段也为数据处理提供了丰富的反馈机制，使得开发者可以更加精确地控制应用的行为。

（三）缓存机制与性能优化

HTTP 协议中的缓存机制是 Web 应用中提高性能的重要手段之一。通过缓存已经获取的资源，可以减少对服务器的请求次数和传输数据量，从而降低网络带宽的使用和提高页面加载速度。

在 HTTP 协议中，可以通过设置响应头中的缓存控制字段（如 Cache-Control、Expires 等）来实现缓存机制。这些字段告诉浏览器如何缓存资源以及缓存的有效期。当浏览器再次请求相同的资源时，如果缓存仍然有效，则可以直接从缓存中获取资源而不需要再次从服务器获取。这种缓存机制可以显著减少网络传输的开销和延迟时间，提高 Web 应用的性能和用户体验。

（四）安全性与加密传输

随着网络安全问题的日益突出，HTTPS 协议已经成为 Web 应用中的标配。HTTPS 协议是在 HTTP 协议的基础上增加了 SSL/TLS 加密层的安全协议，它可以对传输的数据进行加密和完整性验证，保护数据的传输安全。

在 HTTPS 协议中，客户端和服务器之间会建立一个加密的通信通道（即 TLS 连接），所有的 HTTP 请求和响应都会通过这个加密通道进行传输。在传输过程中，数据会被加密成密文形式进行传输，只有持有相应密钥的双方才能解密和读取数据。这种加密传输机制可以保护用户的隐私和数据安全，防止数据在传输过程中被窃取或篡改。

同时，HTTPS 协议还支持证书验证和身份认证等安全特性，可以确保通信双方的身份真实性和合法性。这些安全特性使得 HTTPS 协议成为 Web 应用中不可或缺的一部分，为 Web 应用提供了更加安全可靠的通信环境。

第三节　FTP、SMTP 与 POP3 协议

一、FTP 的原理与应用

（一）FTP 协议的基本原理

FTP 是一种用于在网络上进行文件传输的协议，它基于客户—服务器模型，允许用户从一台计算机（客户端）向另一台计算机（服务器）上传或下载文件。FTP 协议工作在 OSI 模型的第七层（应用层），使用 TCP 协议作为传输层协议，确保了文件传输的可靠性和有序性。

FTP 协议的基本原理包括以下几个方面：

1.控制连接与数据连接：FTP 协议使用两个并行的 TCP 连接来传输文件。一个连接用于传输控制信息（如命令和响应），称为控制连接；另一个连接用于传输文件数据，称为数据连接。这种设计使得命令和数据的传输可以并行进行，提高了文件传输的效率。

2.主动模式与被动模式：FTP 协议支持两种数据传输模式：主动模式和被动模式。在主动模式下，FTP 服务器主动发起数据连接；而在被动模式下，FTP 服务器则等待客户端发起数据连接。这两种模式的选择取决于客户端和服务器之间的网络环境和安全策略。

3.用户认证与权限管理：FTP 协议支持用户认证和权限管理功能。客户端在连接 FTP 服务器时，需要提供用户名和密码进行身份验证。一旦验证通过，客户端就可以根据用户的权限访问服务器上的文件资源。

4.文件类型与传输模式：FTP 协议支持多种文件类型和传输模式。文件

类型包括 ASCII 文本文件和二进制文件等；传输模式则包括流模式和块模式等。这些选项允许 FTP 协议根据文件的类型和特点选择最合适的传输方式。

（二）FTP 协议的应用

FTP 协议在实际应用中具有广泛的应用场景，包括但不限于以下几个方面：

1. 文件共享与备份：FTP 服务器可以作为文件共享平台，允许用户上传和下载文件。同时，FTP 协议也可以用于文件的备份和恢复，确保数据的安全性和可靠性。

2. 网站发布与维护：许多网站使用 FTP 协议来发布和维护网页内容。网站管理员可以通过 FTP 客户端将网页文件上传到 FTP 服务器上，然后用户就可以通过浏览器访问这些网页了。

3. 远程管理与维护：FTP 协议也常用于远程系统的管理与维护。系统管理员可以通过 FTP 协议远程登录到服务器上，对服务器进行配置、管理和维护等操作。

4. 大型文件传输：对于大型文件的传输，FTP 协议提供了高效且可靠的解决方案。由于 FTP 协议使用 TCP 协议作为传输层协议，因此可以确保文件传输的完整性和准确性。

（三）FTP 协议的优势与不足

FTP 协议具有许多优势，如跨平台性、可靠性、易用性等。然而，FTP 协议也存在一些不足之处，如安全性问题、传输效率问题等。为了克服这些不足，人们提出了许多改进方案，如使用 SFTP（SSH File Transfer Protocol）等更安全的替代方案，以及使用多线程传输等技术来提高传输效率。

（四）FTP 协议的未来发展趋势

随着云计算、大数据等技术的不断发展，FTP 协议在文件传输领域的应用将会越来越广泛。未来，FTP 协议可能会面临更多的挑战和机遇，如如何更好地支持大规模文件传输、如何提高文件传输的安全性等。因此，人们需要不断地研究和改进 FTP 协议，以适应不断变化的技术需求和市场环境。

二、SMTP 协议的原理与邮件发送过程

（一）SMTP 协议的基本原理

SMTP 即简单邮件传输协议，是用于在互联网上传输电子邮件的标准协议。它基于客户端—服务器架构，通过 TCP 协议在指定的 SMTP 端口（默认为 25）上进行通信，从而确保邮件的可靠传输。SMTP 协议定义了邮件的发送、接收和转发等过程中的规则和步骤，是电子邮件系统中不可或缺的一部分。

SMTP 协议的工作原理主要包括以下几个方面：

1. 基于 TCP/IP 协议：SMTP 协议依赖于 TCP/IP 协议提供可靠的数据传输服务。在发送邮件时，SMTP 客户端会尝试与 SMTP 服务器建立 TCP 连接，并在连接上发送和接收邮件数据。

2. 客户端—服务器模型：SMTP 协议采用客户端—服务器模型进行通信。SMTP 客户端负责发送邮件，而 SMTP 服务器则负责接收、存储和转发邮件。这种模型使得邮件发送和接收过程更加清晰和高效。

3. 邮件格式与编码：SMTP 协议规定了邮件的格式和编码方式。邮件内容必须按照 SMTP 协议规定的格式进行编码和打包，以确保邮件在传输过程中的完整性和准确性。

4. 身份验证机制：SMTP 协议支持身份验证机制，以确保发送方的身份合法。在发送邮件之前，SMTP 客户端通常需要向服务器提供用户名和密码进行身份验证。

（二）SMTP 协议的邮件发送过程

SMTP 协议的邮件发送过程主要包括以下几个步骤：

1. 建立连接：SMTP 客户端与 SMTP 服务器建立 TCP 连接。这个连接通常使用 SMTP 默认端口 25。

2. 身份验证：SMTP 服务器要求客户端进行身份验证。客户端需要提供合法的用户名和密码以验证身份。

3. 构造邮件：客户端构造一封电子邮件，包括收件人地址、发件人地址、主题、正文以及附件等信息。这些信息按照 SMTP 协议规定的格式进行编码和打包。

4. 发送命令：客户端通过 SMTP 连接向服务器发送命令，包括 MAIL FROM（指定发件人地址）、RCPT TO（指定收件人地址）和 DATA（开始传输邮件内容）等命令。

5. 传输邮件内容：在接收到 DATA 命令后，客户端开始发送邮件内容。邮件内容经过 SMTP 协议的编码处理，以二进制流的形式传输给服务器。

6. 结束数据传输：邮件内容传输完毕后，客户端发送一个特殊的结束符（如"."），表示邮件数据已经传输完毕。

7. 关闭连接：服务器收到结束符后，会返回一个确认消息给客户端，表示邮件已成功接收。此时，客户端可以断开与服务器的连接。

（三）SMTP 协议的特点与优势

SMTP 协议具有简单性、可靠性、扩展性和安全性等特点。它定义了清晰的邮件传输流程和规则，使得邮件系统能够高效、准确地传输邮件。此外，SMTP 协议还支持多种身份验证机制和加密传输方式（如 TLS/SSL），提高了邮件传输的安全性。

（四）SMTP 协议的应用与发展

SMTP 协议广泛应用于各类电子邮件系统中，包括个人邮箱、企业邮箱以及互联网服务提供商提供的邮箱服务等。随着互联网的不断发展，邮件系统面临着越来越多的挑战和机遇。为了适应这些变化，SMTP 协议也在不断地发展和完善。例如，SMTP 协议支持更多的邮件格式和编码方式，以适应多媒体邮件的传输需求；同时，SMTP 协议也加强了身份验证和加密传输机制，以提高邮件传输的安全性。

三、POP3 协议的原理与邮件接收过程

（一）POP3 协议的基本原理

POP3 协议是一种用于从邮件服务器下载电子邮件到客户端计算机进行离线查看的协议。POP3 协议基于 TCP/IP 协议族，使用 TCP 连接在客户端和邮件服务器之间进行通信。POP3 协议的工作原理主要围绕以下几个核心步骤进行：

1.连接建立：客户端（如邮件客户端软件）使用 TCP 协议与邮件服务器的 POP3 端口（默认为 110）建立连接。

2.身份验证：连接建立后，客户端向服务器发送用户名和密码进行身份验证，以确保只有合法的用户才能访问邮箱。

3.邮件操作：身份验证成功后，客户端可以执行各种邮件操作，如查看

邮件状态、列出邮件列表、检索邮件内容、删除邮件等。这些操作通过发送特定的 POP3 命令（如 STAT、LIST、RETR、DELE 等）给服务器来实现。

4. 断开连接：当客户端完成邮件操作后，发送 QUIT 命令给服务器以断开连接。在断开连接之前，服务器会删除客户端标记为删除的邮件。

（二）POP3 协议的邮件接收过程

POP3 协议的邮件接收过程可以概括为以下几个步骤：

1. 连接与身份验证：客户端与邮件服务器建立 TCP 连接，并发送用户名和密码进行身份验证。

2. 列出邮件列表：验证成功后，客户端发送 LIST 命令给服务器，服务器返回用户邮箱中所有邮件的列表信息，包括邮件编号、大小等。

3. 下载邮件：客户端根据邮件列表信息，选择需要下载的邮件，发送 RETR 命令给服务器，指定要下载的邮件编号。服务器将邮件内容传输给客户端，客户端将邮件存储在本地计算机上。

4. 删除邮件（可选）：客户端可以选择删除已下载的邮件，通过发送 DELE 命令给服务器，指定要删除的邮件编号。邮件在标记为删除后不会立即从服务器上删除，而是在客户端发送 QUIT 命令断开连接时从服务器上删除。

5. 断开连接：当客户端完成邮件的接收和处理后，发送 QUIT 命令给服务器以断开连接。

（三）POP3 协议的特点与优势

POP3 协议具有以下几个特点与优势：

1. 简单易用：POP3 协议基于简单的命令和响应机制，易于实现和使用。

2. 离线查看：POP3 协议允许用户将邮件下载到本地计算机进行离线查看和处理，无需一直连接互联网。

3. 邮件存储：POP3 协议支持在服务器上存储邮件，方便用户随时从多个客户端访问和管理邮件。

4. 安全性：POP3 协议支持加密传输（如 POP3S）以提高邮件传输的安全性。

（四）POP3 协议的应用与发展

POP3 协议广泛应用于各类电子邮件系统中，为用户提供了便捷的邮件接收和管理功能。随着移动互联网的快速发展，越来越多的用户开始使用手机等移动设备访问和管理邮件。为了适应这一趋势，POP3 协议也在不断发展和完善，如支持更多的加密方式和安全机制，提高邮件传输的安全性；同时，也在探索与其他协议（如 IMAP）的互操作性，为用户提供更加灵活和便捷的邮件服务。

四、FTP、SMTP 与 POP3 协议的比较与选择

（一）协议功能与应用场景比较

1.FTP 协议：FTP 主要用于在网络中可靠地传输文件。它支持文件的上传和下载，并允许用户通过身份验证访问服务器上的文件资源。FTP 广泛应用于网站文件的上传和下载、文件备份、远程管理等多个场景。

2.SMTP 协议：SMTP 是电子邮件系统中的核心协议，负责将邮件从发件人地址传递到收件人地址所在的邮件服务器。SMTP 协议只关注邮件的传输过程，而不涉及邮件的存储和管理。SMTP 广泛应用于各种电子邮件系统

中，包括个人邮箱、企业邮箱等。

3.POP3：POP3 主要用于从邮件服务器下载邮件到客户端计算机进行离线查看和管理。POP3 协议允许用户在本地计算机上保存和编辑邮件，而无需频繁地访问邮件服务器。POP3 适用于需要离线处理邮件的场景，如移动设备邮件客户端。

（二）传输方式与效率比较

1.FTP：FTP 使用 TCP 协议进行文件传输，支持断点续传、多文件同时传输等功能，传输效率高且可靠。然而，FTP 在传输大文件时可能会受到网络带宽和稳定性的限制。

2.SMTP：SMTP 也使用 TCP 协议进行邮件传输，通过 TCP 连接确保邮件的可靠传输。SMTP 协议简单高效，适用于大规模邮件的传输。然而，SMTP 在传输过程中可能会受到网络延迟和丢包等因素的影响。

3.POP3：POP3 协议主要关注邮件的下载过程，通过 TCP 连接从服务器下载邮件到客户端。POP3 协议在下载邮件时效率较高，但由于邮件内容需要在服务器和客户端之间传输，因此可能会受到网络带宽和速度的限制。

（三）安全性与加密机制比较

1.FTP：FTP 协议本身并不提供加密机制，因此传输过程中的数据容易受到攻击和窃取。为了增强安全性，可以使用 SFTP 等加密的 FTP 替代方案。

2.SMTP：SMTP 协议在传输过程中可以通过 TLS/SSL 等加密机制保护邮件内容的安全。SMTP 服务器还支持多种身份验证机制，如用户名和密码、SSL/TLS 证书等，以确保只有合法的用户才能发送邮件。

3.POP3：POP3 协议本身也不提供加密机制，但可以通过 SSL/TLS 等加密技术对 POP3 连接进行加密，以提高数据传输的安全性。此外，POP3 服务器还支持身份验证机制，以确保只有合法的用户才能访问邮箱。

（四）协议选择与应用建议

1.当需要在网络上传输文件时，可以选择 FTP 协议。对于安全性要求较高的场景，建议使用 SFTP 等加密的 FTP 替代方案。

2.当需要发送电子邮件时，应选择 SMTP 协议作为邮件传输的基础协议。为了保障邮件的安全性，可以使用 TLS/SSL 等加密机制对 SMTP 连接进行加密。

3.当需要从邮件服务器下载邮件到本地计算机进行离线查看和管理时，可以选择 POP3 协议。为了提高数据传输的安全性，可以使用 SSL/TLS 等加密技术对 POP3 连接进行加密。

在实际应用中，应根据具体需求和场景选择合适的协议。如果需要同时传输文件和邮件，可以结合使用 FTP 和 SMTP 协议；如果需要离线处理邮件，可以选择 POP3 协议。此外，还可以考虑使用 IMAP 等其他邮件协议来满足不同的需求。

第四节　DNS 与 DHCP 协议

一、DNS 系统的工作原理与功能

（一）DNS 的工作原理

DNS 系统是互联网中的一项核心服务，它主要负责将人类可读的域名（如

www.example.com）转换为计算机可识别的 IP 地址（如 192.0.2.1）。DNS 的工作原理基于客户端—服务器模型，通过层次化的分布式数据库系统实现域名的解析。

1. 查询请求：当用户在浏览器中输入一个域名时，浏览器会向本地 DNS 解析器（通常是用户的 ISP 提供的 DNS 服务器或本地网络的 DNS 服务器）发送一个 DNS 查询请求。

2. 递归查询：本地 DNS 解析器收到查询请求后，会首先在其缓存中查找该域名的 IP 地址。如果缓存中没有找到，解析器会向根域名服务器发起递归查询请求。根域名服务器会返回顶级域名（TLD）服务器的地址。

3. 迭代查询：本地 DNS 解析器继续向返回的 TLD 服务器发起查询请求。TLD 服务器会返回权威 DNS 服务器的地址，该服务器负责管理目标域名的 IP 地址记录。

4. 响应与缓存：权威 DNS 服务器返回目标域名的 IP 地址给本地 DNS 解析器。解析器将 IP 地址返回给浏览器，同时将该记录缓存起来，以便将来快速响应相同的查询请求。

（二）DNS 的功能

DNS 在互联网中扮演着至关重要的角色，其功能主要体现在以下几个方面：

1. 域名解析：DNS 的主要功能是将域名解析为 IP 地址，使得用户可以通过输入易记的域名来访问互联网上的资源。

2. 负载均衡：通过配置多个 IP 地址到同一个域名，DNS 可以实现负载均衡。当用户访问该域名时，DNS 可以根据一定的策略（如轮询、权重等）将用户分配到不同的服务器上，从而减轻单一服务器的负载压力。

3. 故障转移：当某个服务器出现故障时，DNS 可以将该服务器的 IP 地址从域名记录中移除或替换为其他可用的 IP 地址。这样，即使某个服务器出现故障，用户仍然可以通过域名访问到互联网上的资源。

4. 安全性增强：DNS 还支持安全扩展（如 DNSSEC），通过加密和签名技术来确保域名解析过程的安全性。这有助于防止 DNS 欺骗和劫持等攻击手段。

（三）DNS 的层次结构

DNS 的层次结构是其实现高效、可扩展和可靠性的关键。DNS 的层次结构主要包括以下几个部分：

1. 根域名服务器：位于 DNS 层次结构的顶层，负责管理和维护整个 DNS 系统的根区域。根域名服务器通常不会直接解析域名，而是返回顶级域名（TLD）服务器的地址。

2. 顶级域名（TLD）服务器：负责管理特定顶级域名（如 .com、.net、.org 等）的域名解析。当收到查询请求时，TLD 服务器会返回权威 DNS 服务器的地址。

3. 权威 DNS 服务器：负责管理特定域名的 IP 地址记录。当收到查询请求时，权威 DNS 服务器会返回目标域名的 IP 地址给查询者。

4. 本地 DNS 解析器：位于用户本地网络中，负责将用户的查询请求转发给根域名服务器或 TLD 服务器，并接收返回的 IP 地址。同时，本地 DNS 解析器还会缓存查询结果以提高查询效率。

二、DNS 解析过程与缓存机制

（一）DNS 解析过程

DNS 解析是将人类可读的域名转换为计算机可识别的 IP 地址的过程。这个过程通过一系列步骤和查询来完成，通常涉及本地 DNS 解析器、根域名服务器、顶级域名（TLD）服务器以及权威 DNS 服务器。

1.客户机发起查询：当用户在浏览器中输入一个域名时，计算机上的客户端软件（如操作系统或浏览器）会发起一个 DNS 查询请求，该请求首先被发送到本地 DNS 解析器。

2.本地 DNS 解析器查询：本地 DNS 解析器首先会检查其缓存中是否已经有该域名的 IP 地址记录。如果有，解析器会立即返回这个 IP 地址给客户端，从而跳过后续的查询步骤。如果没有，解析器会进入递归查询或迭代查询过程。

3.递归查询或迭代查询：本地 DNS 解析器会向根域名服务器发起查询请求。根域名服务器会返回顶级域名（TLD）服务器的地址，然后本地 DNS 解析器会向 TLD 服务器发起查询请求。TLD 服务器会返回权威 DNS 服务器的地址，权威 DNS 服务器最终返回域名的 IP 地址。这个过程称为迭代查询。另一种方式是，本地 DNS 解析器向根域名服务器发起递归查询请求，根域名服务器会代替解析器完成后续的查询过程，并将最终的 IP 地址返回给解析器。

4.返回结果并缓存：一旦权威 DNS 服务器返回了域名的 IP 地址，本地 DNS 解析器会将该结果返回给客户端，并将该记录缓存起来，以便将来快速响应相同的查询请求。

（二）DNS 缓存机制

DNS 缓存是提高 DNS 解析效率和减少网络流量的重要手段。DNS 缓存可以在不同的层次上实现，包括浏览器缓存、操作系统缓存、本地 DNS 解析器缓存以及权威 DNS 服务器缓存等。

1. 浏览器缓存：浏览器会缓存最近访问过的域名和对应的 IP 地址。当浏览器需要访问相同的域名时，它会首先检查其缓存中是否有该域名的 IP 地址记录。如果有，浏览器会直接使用缓存中的 IP 地址进行访问，从而跳过了 DNS 解析的过程。

2. 操作系统缓存：操作系统也会缓存 DNS 查询结果。当应用程序需要解析域名时，它会首先查询操作系统的 DNS 缓存。如果缓存中有该域名的 IP 地址记录，操作系统会直接将结果返回给应用程序。

3. 本地 DNS 解析器缓存：本地 DNS 解析器会缓存查询结果，以便将来快速响应相同的查询请求。缓存的时间长度可以通过设置 TTL（Time to Live）值来控制。TTL 值决定了缓存记录在缓存中保留的时间长度。

4. 权威 DNS 服务器缓存：权威 DNS 服务器也会缓存其他权威 DNS 服务器的查询结果。当权威 DNS 服务器收到一个查询请求时，它会首先在其缓存中查找该域名的 IP 地址记录。如果缓存中有该记录，权威 DNS 服务器会直接将结果返回给查询者。这种缓存机制有助于减轻权威 DNS 服务器的负载压力，并提高 DNS 解析的效率。

三、DHCP 的作用与工作流程

（一）DHCP 的作用

DHCP 协议是一种网络协议，其作用主要为客户端设备动态分配 IP 地址、子网掩码、默认网关和 DNS 服务器等网络配置信息，从而简化网络管理，提高网络配置效率。

1. 简化网络管理：在大型网络中，手动配置每个设备的 IP 地址和其他网络参数是一项繁琐且容易出错的任务。DHCP 允许网络管理员在 DHCP 服务器上集中管理 IP 地址和其他网络配置信息，当设备接入网络时，自动从 DHCP 服务器获取所需的配置信息，无需手动配置。这极大地简化了网络管理过程，减少了出错的可能性。

2. 避免 IP 地址冲突：在手动配置 IP 地址时，可能会出现多个设备使用相同 IP 地址的情况，导致网络冲突和故障。DHCP 通过自动分配 IP 地址，确保每个设备在同一时刻只能使用一个唯一的 IP 地址，从而避免了 IP 地址冲突的问题。

3. 提高网络使用效率：DHCP 可以自动回收不再使用的 IP 地址，避免 IP 地址资源的浪费。当设备断开网络连接或不再需要某个 IP 地址时，DHCP 服务器可以将该 IP 地址释放回地址池，供其他设备使用。这有助于提高网络地址资源的利用效率。

（二）DHCP 的工作流程

DHCP 的工作流程包括发现、提供、选择和确认四个主要步骤。

1. 发现（Discover）：当设备首次接入网络时，它会发送一个 DHCP 发现（Discover）消息，该消息是一个广播消息，用于寻找可用的 DHCP 服务器。

2. 提供（Offer）：DHCP 服务器在接收到发现消息后，会检查其地址池中是否有可用的 IP 地址。如果有，服务器会向设备发送一个 DHCP 提供（Offer）消息，该消息包含了一个可用的 IP 地址和其他网络配置信息。

3. 选择（Request）：设备在接收到一个或多个提供消息后，会选择一个

DHCP 服务器，并向其发送一个 DHCP 请求（Request）消息，确认使用该服务器提供的 IP 地址和其他配置信息。

4.确认（Acknowledge）：被选中的 DHCP 服务器在接收到请求消息后，会向设备发送一个 DHCP 确认（Acknowledge）消息，正式分配 IP 地址和其他配置信息给设备。设备在接收到确认消息后，会配置其网络接口，并开始使用新的 IP 地址进行网络通信。

（三）DHCP 的端口与协议

DHCP 使用 UDP 协议进行通信，主要有三个端口号：UDP 67（DHCP 服务器端口）、UDP 68（DHCP 客户端端口）和 UDP 546（DHCPv6 客户端端口）。UDP 67 和 UDP 68 用于 DHCPv4 协议的通信，而 UDP 546 则用于 DHCPv6 协议的通信。

（四）DHCP 的扩展功能

除了基本的 IP 地址分配功能外，DHCP 还支持一些扩展功能，如动态分配 IP 地址的租期控制、IP 地址池管理等。这些功能使得 DHCP 更加灵活和强大，能够满足各种复杂的网络环境和应用需求。同时，DHCP 还可以与其他网络协议（如 DNS、NTP 等）配合使用，为设备提供全面的网络配置服务。

四、DNS 与 DHCP 在网络管理中的应用

（一）DNS 在网络管理中的应用

DNS 作为互联网的核心服务，其在网络管理中具有不可替代的作用。以下从四个方面详细分析 DNS 的应用：

1.域名解析与访问：DNS 最基本的功能是将人类可读的域名转换为计算机可识别的 IP 地址。在网络管理中，用户通过输入域名即可访问网站或服务，无需记忆复杂的 IP 地址。这不仅提高了用户体验，也降低了网络配置的复杂度。

2.负载均衡与故障转移：通过配置多个 IP 地址到同一个域名，DNS 可以实现负载均衡。管理员可以根据网络流量和服务器负载情况，动态调整域名解析的 IP 地址列表，从而确保服务的稳定性和可用性。此外，当某个服务器出现故障时，DNS 可以将该服务器的 IP 地址从域名记录中移除或替换为其他可用的 IP 地址，实现故障转移。

3.安全性增强：DNSSEC（Domain Name System Security Extensions，域名系统安全扩展）是 DNS 的一个安全协议，通过加密和签名技术来确保域名解析过程的安全性。在网络管理中，使用 DNSSEC 可以防止 DNS 欺骗和劫持等攻击手段，保护用户数据和隐私安全。

4.网络监控与诊断：DNS 解析记录可以作为网络监控和诊断的重要数据源。通过分析 DNS 查询日志和解析结果，管理员可以了解网络流量、用户访问行为以及服务可用性等信息，从而及时发现和解决网络问题。

（二）DHCP 在网络管理中的应用

DHCP 在网络管理中同样发挥着重要作用。以下从四个方面详细分析 DHCP 的应用：

1.IP 地址自动分配：DHCP 可以自动为新接入的设备分配 IP 地址和其他网络配置参数，如子网掩码、默认网关、DNS 服务等。这极大地简化了网络配置过程，降低了管理员的工作负担。同时，DHCP 还可以确保整个网络的地址唯一性，提高网络的可靠性和安全性。

2. 地址池管理：DHCP 服务器可以维护一个或多个地址池，用于存储可用的 IP 地址。管理员可以根据网络规模和设备数量，灵活配置地址池的大小和分配策略。当设备断开网络连接或不再需要某个 IP 地址时，DHCP 服务器可以将该 IP 地址回收并重新分配，从而充分利用地址资源。

3. 租期控制：DHCP 支持 IP 地址租期控制功能。管理员可以设置 IP 地址的租期长度，当租期到期时，DHCP 服务器会回收该 IP 地址并重新分配。这有助于防止 IP 地址的滥用，同时确保网络资源的有效利用。

4. 与其他网络协议的配合：DHCP 可以与 DNS、NTP 等其他网络协议配合使用，为设备提供更全面的网络配置服务。例如，当设备从 DHCP 服务器获取 IP 地址后，可以自动从 DNS 服务器获取域名解析服务，从 NTP 服务器获取时间同步服务等。

第五节 应用层协议的安全性考虑

一、应用层协议面临的安全威胁

应用层协议作为网络通信的重要组成部分，其安全性对于整个网络系统的稳定性和数据安全性具有至关重要的影响。以下从四个方面详细分析应用层协议面临的安全威胁：

（一）未经授权的访问和数据泄露

1. 用户隐私泄漏：应用层协议中可能包含用户的敏感信息，如个人身份、银行账户等。一旦应用层协议存在安全漏洞，攻击者可能通过恶意手段获取这些信息，导致用户隐私泄露。

2. 非授权访问：攻击者可能通过猜测或利用已知的漏洞，实现对应用层协议的未授权访问。一旦成功，攻击者可以执行恶意操作，如篡改数据、破坏系统等。

3. 数据泄露：在应用层协议传输过程中，敏感数据可能被未经授权的第三方截获。这可能导致商业机密、客户资料等重要信息泄露，给企业或个人带来巨大损失。

（二）恶意代码注入和跨站攻击

1.SQL 注入：攻击者通过在应用层协议的输入字段中插入恶意的 SQL 代码，尝试窃取或篡改数据库中的数据。这种攻击可能导致系统崩溃、数据丢失等严重后果。

2. XSS（Cross-site scripting，跨站脚本攻击）：攻击者利用应用层协议中的漏洞，将恶意脚本注入到用户浏览的网页中。当用户访问这些网页时，恶意脚本将被执行，从而窃取用户信息或执行其他恶意操作。

3. 恶意代码注入：除了 SQL 注入和 XSS 攻击外，攻击者还可能通过其他方式将恶意代码注入到应用层协议中，如文件包含攻击、命令注入等。这些攻击可能导致系统被控制、数据被窃取等。

（三）会话劫持和伪造请求

1. 会话劫持：攻击者通过获取用户的会话令牌或登录凭证，冒充用户进行非法操作。这种攻击可能导致用户账户被盗用、敏感信息被泄露等。

2. CSRF（Cross-Site Request Forgery，跨站请求伪造）：攻击者构造一个伪造的请求，诱使用户执行某些操作，如提交表单或更新数据。这种攻击可能导致用户数据被篡改、系统状态被改变等。

3.伪造请求：攻击者可能伪造应用层协议的请求，以欺骗服务器执行恶意操作。这种攻击可能导致系统被控制、数据被篡改等。

（四）协议设计和实现缺陷

1.安全配置不当：应用层协议的安全配置可能存在缺陷或不足，如弱密码策略、不完善的权限控制等。这些缺陷可能导致系统容易受到攻击。

2.加密措施不足：应用层协议在传输敏感数据时，如果没有采用足够强度的加密算法或没有正确地实施加密措施，可能导致数据在传输过程中被窃取或篡改。

3.漏洞未修复：应用层协议可能存在已知的漏洞或缺陷，如果管理员没有及时修复这些漏洞，系统将面临严重的安全威胁。

应用层协议的安全性对于整个网络系统的稳定性和数据安全性至关重要。为了保障应用层协议的安全性，需要采取一系列措施，如加强认证和授权、实施输入验证、进行安全配置、使用加密通信等。同时，管理员还需要密切关注应用层协议的最新安全动态，及时修复已知漏洞和缺陷，确保系统的安全性和稳定性。

二、加密技术在应用层协议中的应用

（一）加密技术在应用层协议中的重要性

在应用层协议中，加密技术扮演着至关重要的角色，它是确保数据在传输过程中保持机密性、完整性和真实性的关键手段。随着网络技术的快速发展，网络安全威胁日益增多，加密技术成为保护网络应用免受攻击重要防线。

1.数据机密性保护：加密技术能够将明文数据转换成无法直接读取的密

文，只有拥有相应密钥的接收者才能解密并获取原始数据。这有效地防止了数据在传输过程中被非法截获和窃取。

2. 数据完整性验证：通过加密技术中的哈希函数，可以对传输的数据进行完整性验证。哈希函数能够将任意长度的数据转换为一个固定长度的哈希值，这个哈希值具有不可逆性。接收者可以通过对比发送者提供的哈希值和本地计算得到的哈希值，来判断数据在传输过程中是否被篡改。

3. 身份认证与授权：加密技术中的公钥基础设施（PKI）和数字证书技术，为应用层协议提供了强大的身份认证和授权机制。通过数字证书，可以验证通信双方的身份，确保只有合法的用户才能访问和使用网络资源。

（二）加密技术在应用层协议中的具体应用

1. HTTPS 协议：HTTPS 是在 HTTP 协议基础上增加了 SSL/TLS 协议层的加密传输协议。它使用公钥加密技术来确保数据的机密性和完整性，并使用数字证书技术来验证通信双方的身份。HTTPS 协议广泛应用于 Web 浏览、在线支付、电子邮件等场景，为用户提供安全可靠的通信服务。

2. VPN 技术：VPN 通过建立一个加密的隧道，使得远程用户可以通过公共网络安全地访问企业内部网络资源。VPN 使用了多种加密技术，如 IPSec、PPTP 等，确保数据在传输过程中的安全性。VPN 技术广泛应用于企业远程办公、分支机构间通信等场景。

3. FTPS（File Transfer Protocol Secure，安全文件传输协议）：FTPS 是 FTP 的安全版本，它通过在 FTP 协议中添加 SSL/TLS 加密层，实现了对文件传输过程中的数据加密和身份验证。FTPS 协议可以有效地防止文件在传输过程中被非法截获和篡改，广泛应用于文件共享、数据备份等场景。

4. SMTPS（Simple Mail Transfer Protocol Secure，安全电子邮件传输协

议）：SMTPS 是在 SMTP 协议基础上增加了 SSL/TLS 加密层的协议。它通过使用公钥加密技术来确保电子邮件在传输过程中的机密性和完整性，并使用数字证书技术来验证发件人和收件人的身份。SMTPS 协议广泛应用于电子邮件的发送和接收过程中，为用户提供了更加安全的邮件通信服务。

（三）加密技术在应用层协议中的挑战与解决方案

尽管加密技术在应用层协议中发挥着重要作用，但在实际应用过程中也面临着一些挑战。例如，加密算法的选择和密钥管理的问题、加密性能与效率的问题等。为了解决这些问题，可以采取以下措施：

1.选择合适的加密算法：根据应用层协议的特点和安全需求，选择合适的加密算法。对称加密算法加密和解密速度快，适用于大量数据的加密传输；非对称加密算法安全性高，适用于密钥交换和数字签名等场景。

2.加强密钥管理：密钥管理是加密技术中的关键环节。需要建立完善的密钥管理制度，包括密钥的生成、分发、存储、更新和销毁等流程。同时，还需要采用安全的密钥交换协议，如 DH 协议（Diffie-Hellman，密钥协商协议）等，以确保密钥在传输过程中的安全性。

3.优化加密性能：为了提高加密技术的性能和效率，可以采用硬件加速、并行计算等技术手段来优化加密算法的实现。此外，还可以根据应用层协议的特点和需求，选择适合的加密模式和参数设置，以平衡加密性能和安全性之间的关系。

随着网络技术的不断发展和安全威胁的不断变化，加密技术在应用层协议中的应用也将不断演进和发展。未来，我们可以期待更加高效、安全的加密算法和协议的出现，以及更加智能、灵活的密钥管理方案的实现。同时，随着物联网、云计算等新技术的发展和应用层协议的多样化，加密技术也将面临更加复杂和严峻的挑战。因此，我们需要持续关注加密技术的最新动态和发展趋势，不断学习和掌握新的加密技术和方法，以应对未来网络安全威胁的挑战。

三、应用层协议的安全认证机制

（一）安全认证机制的重要性

应用层协议的安全认证机制是确保网络通信中数据安全性与完整性的关键环节。在网络通信中，信息的安全性和完整性对于保护用户隐私、保障数据传输安全、防止数据篡改等具有重要意义。安全认证机制能够验证通信双方的身份，确保数据在传输过程中不被非法获取、篡改或伪造。

1. 身份验证：通过安全认证机制，可以验证通信双方的身份，确保只有合法的用户才能访问和使用网络资源。这有助于防止未经授权的访问和数据泄露。

2. 数据完整性保护：安全认证机制通常包括数据完整性验证功能，能够确保数据在传输过程中未被篡改。这通过哈希函数或其他算法实现，对传输的数据进行完整性校验，防止数据被恶意篡改。

3. 非重放攻击防护：通过安全认证机制中的时间戳、随机数等技术手段，可以防止重放攻击。重放攻击是指攻击者将之前截获的合法数据包重新发送，以欺骗接收者。安全认证机制可以识别并阻止这种攻击。

（二）常见的安全认证机制

1. 数字证书与 PKI（Public Key Infrastructure，公钥基础设施）：PKI 是数字证书管理的基础，它通过颁发、管理和撤销数字证书来验证通信双方的身份。数字证书包含了用户的公钥和一些相关信息，如证书颁发机构（CA）

的签名等。通过验证数字证书的有效性，可以确保通信双方的身份是可信的。

2. SSL/TLS 协议：SSL/TLS 协议是 Web 浏览器和服务器之间常用的安全认证机制。它通过使用公钥加密来建立安全连接，并在通信过程中进行身份验证和数据完整性验证。SSL/TLS 协议广泛应用于 HTTPS、SMTPS 等应用层协议中。

3. Kerberos 认证服务：Kerberos 是麻省理工学院开发的一种安全认证协议，主要用于校园网用户访问服务器的身份认证。Kerberos 通过提供中心认证服务器（AS）和票证授予服务器（TGS）来实现用户到服务器以及服务器到用户的双向认证。Kerberos 的核心是使用 DES 加密技术实现最基本的认证服务。

（三）安全认证机制的实现原理

1. 公钥加密算法：公钥加密算法是安全认证机制的基础之一。它使用一对密钥（公钥和私钥）来进行加密和解密操作。公钥用于加密数据，私钥用于解密数据。公钥加密算法能够确保数据的机密性和完整性，防止数据被非法获取和篡改。

2. 哈希函数：哈希函数是安全认证机制中用于数据完整性验证的重要工具。它能够将任意长度的数据转换为一个固定长度的哈希值（散列值）。哈希函数具有不可逆性，即无法从哈希值恢复原始数据。通过对比发送者提供的哈希值和接收者计算得到的哈希值，可以验证数据在传输过程中是否被篡改。

3. 时间戳和随机数：时间戳和随机数是防止重放攻击的重要手段。在通信过程中，发送者会附加一个时间戳和一个随机数到数据包中。接收者会验证时间戳的新鲜性和随机数的唯一性，以确保数据包是新鲜的、未被重放的。

随着网络技术的不断发展，安全认证机制也在不断进步和完善。未来，我们可以期待更加高效、安全、智能的安全认证机制的出现。然而，安全认证机制也面临着一些挑战，如密钥管理的复杂性、协议实现的漏洞等。为了应对这些挑战，我们需要采取一系列措施，如加强密钥管理、定期更新和修复协议漏洞等，以确保安全认证机制的有效性和可靠性。

四、提高应用层协议安全性的策略

（一）实施严格的认证和授权机制

1. 强密码策略：要求用户采用复杂度高、难以猜测的密码，并定期更换密码。这可以有效防止密码被暴力破解。

2. 多因素认证：除了密码外，引入其他认证因素，如指纹、面部识别、手机验证码等，提高认证的安全性。

3. 角色访问控制：根据用户的角色和权限，限制其对应用程序和数据的访问。遵循最小权限原则，确保用户只能访问其工作所需的最低权限。

（二）加强数据输入验证和过滤

1. 输入验证：对用户的输入进行严格的验证，包括长度、格式、特殊字符等，防止恶意代码注入。

2. 输入过滤：对输入数据进行过滤，去除或转义可能引发安全问题的字符或代码，如 SQL 注入攻击中的特殊字符。

3. 白名单验证：采用白名单验证策略，只允许已知安全的输入通过，拒绝任何不符合规范的输入。

（三）优化安全配置和加密通信

1. 安全配置：对服务器和应用程序进行正确的安全配置，包括文件和目录权限设置、数据库访问控制、日志记录功能开启等。这些配置可以减少攻击面，提高系统的安全性。

2. 加密通信：使用加密协议（如 HTTPS）进行通信，确保数据在传输过程中的安全性。加密通信可以防止数据被窃听、篡改和重放攻击。

3. 更新和维护：定期更新软件和组件，以修补已知的安全漏洞。同时，建立漏洞管理机制，定期进行漏洞扫描和评估，及时修复可能存在的安全漏洞。

（四）增强安全防护和监控能力

1. 安全日志：开启安全日志记录功能，记录所有的安全事件和异常行为。通过分析安全日志，可以及时发现和响应潜在的安全威胁。

2. 入侵检测和防御：部署入侵检测和防御系统（IDS/IPS），监控网络流量和应用程序行为，发现并及时阻止潜在的攻击行为。

3. 安全培训和意识提升：加强对开发人员和用户的安全培训和教育，提高他们的安全意识和应对能力。开发人员需要了解最新的安全威胁和攻击技术，编写安全的代码和规范；用户需要学会识别和防范常见的网络攻击，如钓鱼、社会工程等。

总结：提高应用层协议的安全性需要从多个方面入手，包括实施严格的认证和授权机制、加强数据输入验证和过滤、优化安全配置和加密通信以及增强安全防护和监控能力。这些策略的实施可以有效地保护应用程序免受攻击和数据泄露等威胁，确保网络通信的安全性和稳定性。同时，随着网络技术的不断发展和安全威胁的不断变化，我们需要持续关注最新的安全动态和技术发展，不断更新和完善我们的安全策略。

第六节　应用层协议的性能优化

一、应用层协议性能优化的必要性

在当前的互联网环境中，应用层协议的性能对于提升用户体验、增强应用功能、优化网络资源和降低运营成本等方面都具有重要的影响。以下从四个方面分析应用层协议性能优化的必要性：

（一）提升用户体验

1.响应速度：优化应用层协议可以显著减少数据传输的延迟，提高应用的响应速度。在移动互联网时代，用户对应用的响应速度有着极高的要求，快速的响应能够提升用户的满意度和忠诚度。

2.带宽利用：优化协议可以更好地利用有限的带宽资源，特别是在网络拥塞的情况下，通过数据压缩、请求合并等技术手段，减少数据传输量，提高带宽利用率，从而为用户提供更流畅的网络体验。

（二）增强应用功能

1.实时交互：优化后的应用层协议可以支持更高效的实时交互功能，如在线聊天、视频通话等。通过引入 WebSocket 等技术手段，实现服务器与客户端之间的双向通信，降低通信延迟，提升实时交互的体验。

2.数据同步：对于需要实时同步数据的应用场景，如协作办公、在线游戏等，优化后的应用层协议可以确保数据的及时性和准确性。通过引入数据校验、重传机制等技术手段，保证数据的可靠传输，降低数据丢失和错误的风险。

（三）优化网络资源

1. 并发处理：随着移动互联网应用规模的不断扩大，应用层协议需要能够支持更多的并发连接和用户请求。通过优化协议设计，采用多线程、异步等技术手段，提高并发处理能力，从而更好地满足用户的并发需求。

2. 缓存策略：优化应用层协议可以引入更高效的缓存策略，减少对服务器的请求次数和数据传输量。通过缓存常用数据和资源，降低网络负载，提高整体的网络性能。

（四）降低运营成本

1. 节能降耗：优化后的应用层协议可以减少对移动设备电池的消耗，延长设备的续航时间。通过优化数据传输策略、降低网络负载等手段，减少设备的能耗，从而降低用户的运营成本。

2. 运维管理：优化应用层协议可以降低运维管理的复杂度和成本。通过引入自动化监控、故障排查和恢复机制等技术手段，提高系统的稳定性和可靠性，降低运维人员的工作量和压力。

综上所述，应用层协议的性能优化对于提升用户体验、增强应用功能、优化网络资源和降低运营成本等方面都具有重要的影响。在当前的互联网环境中，随着用户需求的不断变化和网络技术的不断发展，应用层协议的性能优化已经成为了一个不可忽视的重要问题。因此，我们需要不断地研究和探索新的优化技术和方法，以满足用户日益增长的需求和期望。

二、HTTP 协议的性能优化技巧

HTTP 协议作为互联网上最广泛使用的应用层协议之一，其性能的优化对于提升整个网络应用的响应速度和用户体验至关重要。以下从四个方面详细分析 HTTP 协议的性能优化技巧。

（一）减少 HTTP 请求

HTTP 请求是客户端与服务器之间进行数据交互的基本单位，每个请求都需要经过完整的 TCP 三次握手、数据传输和四次挥手过程，因此减少 HTTP 请求的数量是优化 HTTP 协议性能的关键。

1. 合并文件：将多个小文件合并成一个大的文件，如将多个 CSS 或 JavaScript 文件合并成一个文件，可以减少请求次数。

2.CSS Sprites：将多个小图标合并成一个大图标，通过 CSS 定位显示需要的图标，从而减少图标的请求次数。

3. 优化图片：使用适当的图片格式和压缩技术，减少图片文件的大小，从而减少图片加载的请求次数和传输时间。

（二）使用 HTTP/2 协议

HTTP/2 协议相比 HTTP/1.1 协议在性能上有了显著提升，它支持多路复用、头部压缩和服务器推送等特性。

1. 多路复用：HTTP/2 允许多个请求在单个 TCP 连接上并行传输，避免了因单个请求阻塞而导致的性能下降。

2. 头部压缩：HTTP/2 对请求和响应的头部进行压缩，减少了传输的数据量，提高了传输效率。

3. 服务器推送：服务器可以主动推送资源给客户端，而不需要客户端再次发起请求，从而提高了资源的加载速度。

（三）启用缓存策略

缓存策略是 HTTP 协议性能优化的重要手段之一，通过缓存可以减少对服务器的请求次数，降低网络带宽的消耗。

1. 浏览器缓存：利用浏览器的缓存机制，将已经下载过的资源保存在本地，当再次访问时可以直接从缓存中获取，而不需要重新从服务器下载。

2. 服务器端缓存：服务器也可以实现缓存功能，对于频繁访问的资源，可以将其缓存在服务器内存中，减少对数据库或文件系统的访问次数。

3. 设置合适的缓存控制头：通过设置合适的 Cache-Control、Expires 等 HTTP 头部字段，可以控制资源的缓存时间和行为，从而实现对缓存的精细控制。

（四）压缩传输内容

压缩传输内容可以减少数据的传输量，提高传输效率，从而降低网络延迟和带宽消耗。

1.Gzip 压缩：Gzip 是一种常用的压缩算法，可以对 HTML、CSS、JavaScript 等文本资源进行压缩。在服务器端启用 Gzip 压缩功能后，客户端在接收到响应时会自动进行解压缩操作。

2.Brotli 压缩：Brotli 是一种新的压缩算法，相比 Gzip 具有更高的压缩率和更快的压缩速度。越来越多的浏览器开始支持 Brotli 压缩，因此可以在服务器端启用 Brotli 压缩来进一步提升性能。

3. 图片压缩：对于图片资源，可以使用专门的图片压缩工具进行压缩，如 TinyPNG、JPEGmini 等。这些工具可以在保持图片质量的前提下，显著减小图片文件的大小。

三、其他应用层协议的性能优化方法

在应用层协议的性能优化中，除了 HTTP 协议外，还有许多其他协议也需要进行性能优化以提升整体网络应用的效率和用户体验。以下从四个方面分析其他应用层协议的性能优化方法。

（一）协议设计优化

1. 灵活性与可扩展性：设计应用层协议时，应充分考虑协议的灵活性和可扩展性。这意味着协议应能够轻松适应不同的网络环境和应用需求，同时能够支持未来的功能扩展和升级。例如，在协议中预留一些字段或标志位，以便在需要时添加新的功能或特性。

2. 数据结构与编码：优化数据结构和编码方式可以显著提高协议的性能。采用紧凑的数据结构可以减少内存占用和传输开销，而高效的编码方式则可以减少数据的冗余和提高传输效率。例如，使用二进制编码代替文本编码，可以大大减少数据的传输量。

3. 请求与响应机制：优化请求与响应机制可以减少网络延迟和提高应用的响应速度。例如，通过合并多个请求为单个请求，可以减少网络往返时间（RTT）和服务器处理时间。此外，引入异步请求和响应机制，可以使客户端在等待服务器响应的同时继续执行其他任务，从而提高应用的并发处理能力。

（二）传输效率优化

1. 数据压缩：对于数据量较大的应用层协议，采用数据压缩技术可以显著减少数据的传输量。例如，使用 Gzip、Brotli 等压缩算法对文本数据进行压缩，或使用专门的图片压缩工具对图片数据进行压缩。这不仅可以减少网络带宽的占用，还可以降低传输延迟和提高传输效率。

2. 流量控制：通过实施流量控制策略，可以确保网络资源的合理利用和应用的稳定运行。例如，在协议中设置流量限制和优先级控制机制，以确保关键数据的优先传输和避免网络拥塞。此外，还可以引入拥塞控制算法来动态调整发送速率和接收窗口大小，以适应网络带宽的变化和保证传输的可靠性。

3. 分块传输：对于大文件或数据流传输，采用分块传输策略可以提高传输效率和降低内存占用。通过将大文件或数据流切分成多个小块进行传输，可以减少单次传输的数据量并降低传输失败的风险。同时，接收端可以并行处理多个数据块，从而加快数据的处理速度和提升应用的性能。

（三）安全性优化

1. 加密传输：对于需要保护数据隐私和完整性的应用层协议，采用加密传输技术可以确保数据在传输过程中的安全性。例如，使用 TLS/SSL 协议对 HTTP 协议进行加密升级，可以保护用户的隐私数据和防止数据被篡改或窃取。此外，还可以采用加密算法对敏感数据进行加密存储和传输，以提高数据的安全性。

2. 身份认证与授权：通过实施身份认证和授权机制，可以确保只有合法的用户才能访问和使用应用层协议提供的服务。例如，在协议中引入 OAuth、JWT 等身份认证和授权框架，可以实现对用户身份的验证和访问权限的控制。这不仅可以防止非法访问和攻击行为的发生，还可以保护应用的数据和资源不被滥用或泄露。

3. 数据校验与完整性保护：在协议中引入数据校验和完整性保护机制可以确保数据的准确性和完整性。例如，在传输数据时添加校验码或签名信息，并在接收端进行验证以确保数据的完整性和准确性。这可以防止数据在传输过程中被篡改或损坏，并提高应用的可靠性和稳定性。

（四）并发处理优化

1.并发连接控制：对于需要支持高并发连接的应用层协议，采用合适的并发连接控制策略可以提高系统的吞吐量和并发处理能力。例如，在服务器端设置最大并发连接数和连接超时时间等参数，以控制并发连接的数量和避免资源耗尽。此外，还可以采用连接池技术来复用和管理连接资源，提高连接的利用率和降低连接创建和销毁的开销。

2.异步处理：通过引入异步处理机制，可以提高应用的响应速度和并发处理能力。例如，在服务器端采用异步 I/O 模型来处理客户端的请求和响应，可以避免阻塞等待和提高系统的吞吐量。同时，客户端也可以采用异步请求和响应机制来减少等待时间和提高应用的交互性。

3.负载均衡：对于需要处理大量并发请求的应用层协议，采用负载均衡技术可以均衡地分配请求到多个服务器或节点上进行处理，从而提高系统的整体性能和可靠性。例如，在服务器端部署负载均衡器来接收客户端的请求并根据一定的策略将请求分发到不同的服务器或节点上进行处理。这不仅可以提高系统的吞吐量和并发处理能力，还可以避免单点故障和提高系统的可用性。

第七章　无线网络协议

第一节　无线网络协议概述

一、无线网络协议的基本概念

无线网络协议是确保无线设备之间能够准确无误地进行数据通信的关键组成部分。这些协议定义了无线通信网络中的数据传输方式、数据包的格式、通信规则以及网络拓扑结构等，从而保证了无线通信的可靠性和高效性。以下从四个方面对无线网络协议的基本概念进行分析。

（一）无线网络协议的定义与分类

无线网络协议是指在无线通信网络中使用的通信协议，它定义了无线设备之间如何进行通信，包括数据传输、错误修正、认证和安全等方面。无线网络协议主要分为物理层、数据链路层、网络层、传输层和应用层等不同层次的协议。每个层次都有不同的功能和特点，共同协作以确保无线通信的顺利进行。

1.物理层协议：负责将数据转换为无线信号，并在无线传输媒介上发送。它定义了信号的频率、调制方式、传输速率等参数，以确保数据能够准确无误地传输。常见的物理层协议有 Wi—Fi、Zigbee 等。

2. 数据链路层协议：负责定义数据在物理层上的传输方式和数据帧的格式。它将数据划分为较小的数据包，添加帧头和帧尾来标识数据的起始和结束，还包括校验和等错误检测和修正机制。经典的数据链路层协议有 IEEE 802.11 协议（即 Wi—Fi）和 IEEE 802.15.4 协议（即 Zigbee）等。

3. 网络层协议：负责数据包的路由选择和转发。它定义了数据包的封装和解封装过程，以及数据包的路由算法和网络拓扑结构等。常见的网络层协议有 Internet 协议（IP）等。

4. 传输层协议：负责确保数据在源设备和目标设备之间的可靠传输。它负责分段和重新组装数据，同时提供错误检测和修正机制，保证数据的完整性和可靠性。著名的传输层协议有传输控制协议（TCP）和用户数据报协议（UDP）等。

5. 应用层协议：是无线网络中最上层的协议。它定义了在数据传输过程中所使用的各种应用，如 Web 浏览、文件传输、电子邮件等。常见的应用层协议有 HTTP、FTP 等。

（二）无线网络协议的功能与特点

无线网络协议的主要功能包括数据通信、资源分配、网络管理、安全保障等。这些功能通过不同层次的协议共同协作实现，以满足无线通信网络的需求。无线网络协议具有以下特点：

1. 灵活性：无线网络协议能够适应不同的网络环境和应用需求，支持多种数据传输方式和通信协议。

2. 可扩展性：无线网络协议能够随着技术的发展和应用的需求进行扩展和改进，以适应新的应用场景和服务。

3. 安全性：无线网络协议通过加密、认证、访问控制等手段确保数据传输的安全性，保护用户隐私和数据安全。

4.高效性：无线网络协议通过优化数据传输方式、减少传输延迟等手段提高通信效率，满足用户对高效通信的需求。

无线网络协议广泛应用于各种无线通信场景，如无线局域网（WLAN）、无线城域网（WMAN）、无线个人局域网（WPAN）等。这些场景涵盖了家庭、办公室、公共场所、移动设备等多种应用环境，为用户提供了便捷、高效的无线通信服务。

随着物联网、智能家居、可穿戴设备等技术的快速发展，无线网络协议也在不断演进和发展。未来无线网络协议将更加注重安全性、可靠性、高效性和智能化等方面的发展，以满足不断增长的用户需求和应用场景的变化。同时，随着 5G、6G 等新一代通信技术的推广和应用，无线网络协议也将迎来新的发展机遇和挑战。

二、无线网络协议与有线网络协议的比较

（一）传输介质与物理特性

1.传输介质：

无线网络协议：使用电磁波作为传输介质，如射频（RF）信号，在空气中进行通信连接。这种传输方式无需物理线缆，使得设备可以灵活地放置在任何位置，提供了高度的移动性和便携性。

有线网络协议：依赖于物理线缆（如双绞线、同轴电缆、光纤等）进行数据传输。这种传输方式提供了稳定的连接和较高的数据传输速率，但限制了设备的移动性和灵活性。

2. 物理特性：

无线网络协议：由于使用电磁波传输，信号会受到环境因素的影响，如建筑物、天气、电磁干扰等，可能导致信号衰减、传输延迟或丢包等问题。此外，无线信号具有多路径传输的特性，可能导致信号到达接收端时出现失真。

有线网络协议：物理线缆提供了稳定的传输通道，减少了外界干扰的可能性。有线网络协议通常具有更高的带宽和更低的传输延迟，能够支持更多的设备同时连接，并提供更可靠的数据传输服务。

（二）性能与带宽

1. 性能：

无线网络协议：在理想环境下，无线网络协议可以达到较高的数据传输速率，但受到实际环境的影响较大。例如，Wi—Fi 6（802.11ax）标准在理论上支持高达 9.6Gbps 的传输速率，但在实际应用中可能受到各种因素的限制。

有线网络协议：有线网络协议通常具有更高的性能和稳定性。例如，以太网（Ethernet）协议支持高达 400Gbps 的传输速率，且数据传输质量较为稳定。

2. 带宽：

无线网络协议：带宽受到无线信号传输特性的限制，可能因信号衰减、干扰等因素而降低。此外，无线网络的带宽还受到接入点（如路由器）性能和配置的影响。

有线网络协议：带宽主要受到物理线缆和网络设备的限制。使用高质量的物理线缆和先进的网络设备可以实现更高的带宽和更稳定的数据传输。

（三）安全性与可靠性

1. 安全性：

无线网络协议：由于无线信号传输的开放性，无线网络协议面临较高的安全风险，如未授权访问、中间人攻击等。为了保障无线网络的安全，需要采用加密、认证等安全机制。

有线网络协议：有线网络协议在物理层面上提供了较高的安全性，因为只有通过物理访问才能连接到网络。此外，有线网络协议也可以采用加密、认证等安全机制来进一步提高安全性。

2. 可靠性：

无线网络协议：由于无线信号传输的不稳定性，无线网络协议在可靠性方面可能不如有线网络协议。然而，通过采用先进的无线技术和优化网络配置，可以提高无线网络的可靠性。

有线网络协议：有线网络协议提供了较高的可靠性，因为物理线缆和网络设备通常具有较高的稳定性和可靠性。此外，有线网络协议还支持冗余配置和备份机制，以进一步提高网络的可靠性。

（四）成本与维护

1. 成本：

无线网络协议：无线网络协议的初始部署成本可能较低，因为无需铺设大量的物理线缆。然而，无线网络设备的价格可能较高，且需要定期更换和维护。

有线网络协议：有线网络协议的初始部署成本可能较高，因为需要铺设大量的物理线缆和购买网络设备。然而，有线网络设备的价格相对较低，且使用寿命较长。

2.维护：

无线网络协议：无线网络的维护相对复杂，需要定期检查和调整无线接入点、信号覆盖范围等参数。此外，无线网络还容易受到外界干扰和攻击，需要采取相应的安全措施进行保护。

有线网络协议：有线网络的维护相对简单，因为物理线缆和网络设备通常较为稳定。然而，有线网络也需要定期检查和维护网络设备，以确保网络的正常运行。

三、无线网络协议在现代通信中的应用

（一）家庭与办公网络

在现代家庭与办公环境中，无线网络协议发挥着至关重要的作用。其中，Wi—Fi（基于 IEEE 802.11 标准）是最常见和广泛应用的无线网络协议。

1.便捷性：Wi—Fi 允许用户通过无线方式连接到互联网或局域网，无需复杂的布线工作，极大地提高了家庭与办公环境的灵活性和便捷性。

2.高速率：随着 Wi—Fi 技术的不断发展，如 Wi—Fi 6（802.11ax）的推出，无线网络的传输速率得到了显著提升，满足了用户对高速数据传输的需求。

3.安全性：现代无线网络协议支持多种安全机制，如 WPA3 加密、身份验证等，确保用户数据在传输过程中的安全性。

（二）公共场所网络

在公共场所如咖啡店、图书馆、机场等，无线网络协议为用户提供了便捷的上网服务。

1.广覆盖：公共场所的无线网络通常采用多个接入点（AP）实现广覆盖，

确保用户无论身处何地都能接入网络。

2. 高并发：公共场所的无线网络需要支持大量用户同时接入，现代无线网络协议通过优化算法和增强设备性能，实现了高并发接入。

3. QoS：公共场所的无线网络需要提供稳定、可靠的服务质量，如802.11e 协议就为 VoIP 等应用提供了 QoS 保证。

（三）物联网与智能家居

物联网（IoT）和智能家居的兴起，为无线网络协议带来了新的应用场景。

1. 低功耗：ZigBee、LoRa 等低功耗无线网络协议在物联网和智能家居领域得到了广泛应用，这些协议能够在保证通信质量的同时，降低设备的能耗。

2. 自组织：ZigBee 等无线网络协议具有自组织功能，能够自动发现、配置和管理网络中的设备，简化了物联网和智能家居系统的部署和维护。

3. 远程控制：通过无线网络协议，用户可以远程控制智能家居设备，如通过手机 APP 控制灯光、空调等设备的开关和调节。

（四）工业自动化与远程监控

在工业自动化和远程监控领域，无线网络协议的应用也越来越广泛。

1. 实时性：工业自动化和远程监控对数据传输的实时性要求较高，现代无线网络协议通过优化数据传输机制和增强设备性能，实现了低延迟、高可靠性的数据传输。

2. 可靠性：在工业自动化和远程监控中，数据的可靠性至关重要。无线网络协议通过采用冗余配置、备份机制等手段，提高了数据传输的可靠性。

3. 安全性：工业自动化和远程监控系统中可能包含敏感数据，无线网络协议通过支持加密、身份验证等安全机制，确保数据在传输过程中的安全性。

综上所述，无线网络协议在现代通信中的应用日益广泛，不仅为用户提供了便捷、高速的上网服务，还推动了物联网、智能家居、工业自动化等领域的快速发展。随着技术的不断进步和创新，无线网络协议将在未来发挥更加重要的作用。

第二节　Wi—Fi 技术与协议

一、Wi—Fi 技术的基本原理

（一）Wi—Fi 技术概述

Wi—Fi，全称 Wireless Fidelity，但在技术层面上，Wi—Fi 一词并没有实际意义，它更多地被用作无线局域网（WLAN）技术的代名词。Wi—Fi 技术基于 IEEE 802.11 标准，通过无线电波传输数据，实现设备间的无线连接。Wi—Fi 联盟作为该技术的推广者，为符合标准的产品提供认证，确保其兼容性和性能。

1.标准发展：从最初的 IEEE 802.11a/b/g，到后续的 802.11n、802.11ac，再到最新的 802.11ax（WiFi 6），Wi—Fi 技术不断演进，支持更高的传输速率、更低的延迟和更强的兼容性。

2.频率使用：Wi—Fi 技术主要在 2.4GHz 和 5GHz 频段上工作，其中 2.4GHz 频段较为拥挤，但穿透力强；5GHz 频段则带宽更高，干扰较少。

（二）Wi—Fi 技术的基本构成

Wi—Fi 技术的基本构成包括无线接入点（AP）、客户端设备以及支持网络传输的设备和协议。

1. 无线接入点（AP）：作为 Wi—Fi 网络的核心，AP 负责将有线网络连接转换为无线信号，供客户端设备连接。AP 通常具有一个或多个天线，用于发射和接收无线信号。

2. 客户端设备：包括智能手机、平板电脑、笔记本电脑等，它们通过内置的无线网卡或外接适配器连接到 Wi—Fi 网络。

3. 支持网络传输的设备和协议：如交换机、路由器、网关等网络设备，以及 TCP/IP、ARP、DHCP 等网络协议，共同构成了 Wi—Fi 网络的基础架构。

（三）Wi—Fi 技术的工作原理

Wi—Fi 技术的工作原理主要包括以下几个步骤：

1. 接入点（AP）启动并广播信号：AP 启动后，会向周围空间发射无线信号，该信号包含了网络的名称（SSID）、加密方式等信息。

2. 客户端设备搜索并连接网络：客户端设备在开机或进入 Wi—Fi 设置后，会搜索周围的无线网络，并显示可用网络的列表。用户选择目标网络并输入密码后，设备将尝试连接到该网络。

3. 数据传输与接收：一旦连接成功，客户端设备就可以通过无线方式与 AP 进行数据传输。数据在传输过程中会被加密以保护其安全性。

4. 网络管理与优化：Wi—Fi 网络通常还配备了网络管理软件或系统，用于监控网络状态、优化网络性能以及处理网络故障等。

（四）Wi—Fi 技术的特点与优势

Wi—Fi 技术具有以下特点和优势：

1. 灵活性高：Wi—Fi 技术无需布线，只需在合适的位置放置 AP 即可实现网络覆盖，大大节省了布线成本和时间。

2. 传输速度快：随着技术的不断发展，Wi—Fi 的传输速率不断提高，满足了用户对高速网络的需求。

3. 覆盖范围广：Wi—Fi 信号可以在一定范围内传播，实现了较大面积的网络覆盖。

4. 易扩展性：通过添加 AP 等设备，可以轻松扩展 Wi—Fi 网络的覆盖范围和容量。

5. 安全性高：Wi—Fi 技术支持多种加密方式和安全协议，如 WPA3 等，确保数据传输的安全性。

二、Wi—Fi 协议的版本与演进

（一）Wi—Fi 协议的早期版本

Wi—Fi 协议的发展始于 1997 年，IEEE（电气和电子工程师协会）首次推出了 IEEE 802.11 标准，这标志着 Wi—Fi 技术的诞生。早期版本的 Wi—Fi 协议主要包括 802.11a、802.11b 和 802.11g，它们奠定了 Wi—Fi 技术的基础，并推动了无线网络的快速发展。

1.IEEE 802.11a：这是 Wi—Fi 协议的第一个版本，使用 5GHz 频段，提供了最高达 54Mbps 的数据传输速率。虽然它提供了更高的速度和较少的干扰，但由于设备成本较高和频段使用限制，普及度相对较低。

2.IEEE 802.11b：这是第一个广泛应用的 Wi—Fi 协议版本，使用 2.4GHz

频段，最高支持 11Mbps 的数据传输速率。它的推出极大地推动了无线网络的普及，使得无线网络在家庭和办公室中变得常见。

3.IEEE 802.11g：该版本结合了 802.11a 和 802.11b 的优势，使用 2.4GHz 频段，同时支持最高 54Mbps 的数据传输速率。它的推出进一步提高了无线网络的性能和可靠性，成为当时最受欢迎的 Wi—Fi 协议版本。

（二）Wi—Fi 协议的演进历程

随着技术的不断进步和用户需求的不断增长，Wi—Fi 协议也在不断演进。后续的版本在传输速率、频段使用、安全性等方面进行了优化和增强。

1.IEEE 802.11n：这个版本在 2.4GHz 和 5GHz 频段上均有所支持，引入了 MIMO（多输入多输出）技术，实现了更高的数据传输速率和更好的信号覆盖范围。它的推出标志着 Wi—Fi 技术进入了一个新的发展阶段。

2.IEEE 802.11ac：这个版本主要使用 5GHz 频段，引入了更宽的信道和更高的调制方式，使得数据传输速率大幅提升，最高可达数 Gbps 级别。它适用于高密度、高带宽的应用场景，如会议室、教室等。

3.IEEE 802.11ax（Wi—Fi 6）：这是目前最新的 Wi—Fi 协议版本，也被称为 Wi—Fi 6。它在 802.11ac 的基础上进一步优化了性能，引入了 OFDMA（正交频分多址）技术、MU-MIMO（多用户多输入多输出）技术等，使得网络效率更高、连接更稳定、延迟更低。同时，Wi—Fi 6 还支持更高的设备密度和更复杂的网络环境，满足了日益增长的网络需求。

（三）Wi—Fi 协议演进的技术特点

在 Wi—Fi 协议的演进过程中，出现了一系列新的技术特点，这些特点不仅提高了 Wi—Fi 网络的性能，还增强了其安全性和易用性。

1.更高的传输速率：随着技术的不断发展，Wi—Fi 协议的传输速率不断提高，从最初的 11Mbps 到现在的数 Gbps 级别，满足了用户对高速网络的需求。

2.更宽的频段和信道：后续版本的 Wi—Fi 协议支持更宽的频段和更多的信道选择，减少了信号干扰和拥塞现象，提高了网络的稳定性和可靠性。

3.更先进的调制方式和编码技术：新的调制方式和编码技术使得数据传输更加高效和准确，减少了传输错误和重传次数，提高了网络的效率。

4.更好的安全性和隐私保护：新版本的 Wi—Fi 协议引入了更先进的安全机制和加密算法，如 WPA3 等，保护用户数据在传输过程中的安全性。同时，还加强了用户隐私保护措施，防止了用户信息泄露。

随着物联网、智能家居等技术的不断发展，Wi—Fi 协议将继续演进以满足新的需求。未来的 Wi—Fi 协议可能会具备更高的传输速率、更低的延迟、更广泛的覆盖范围以及更好的安全性和易用性等特点。同时，随着 5G 等新一代移动通信技术的普及和应用，Wi—Fi 协议也需要与这些技术相互融合和协同发展，为用户提供更加优质的网络体验。

三、Wi—Fi 网络的组建与配置

（一）Wi—Fi 网络组建的前期准备

在组建 Wi—Fi 网络之前，首先需要进行一系列的前期准备工作，以确保网络的顺利搭建和稳定运行。

1.需求分析：明确 Wi—Fi 网络的使用场景、覆盖范围、用户数量、带宽需求等，为后续的设备选型和配置提供参考。

2.设备选型：根据需求分析结果，选择合适的无线路由器、交换机、网线等硬件设备。同时，考虑设备的兼容性、性能、价格等因素，选择性价比高的产品。

3. 环境评估：对搭建 Wi—Fi 网络的环境进行评估，包括房屋结构、墙壁材质、障碍物等，以确定无线信号的覆盖范围和质量。

（二）Wi—Fi 网络的硬件安装与连接

在硬件安装与连接阶段，需要按照正确的步骤进行操作，以确保设备的正常工作和网络的稳定连接。

1. 路由器安装：将无线路由器放置在合适的位置，如房屋中央或高处，以便无线信号能够覆盖整个使用区域。同时，将路由器的电源线和网线连接好，确保电源供应和网络连通的稳定性。

2. 交换机连接：如果需要使用交换机扩展网络覆盖范围或增加网络端口数量，需要将交换机与路由器进行连接。根据交换机的类型（如千兆交换机、POE 交换机等）和端口数量，选择合适的连接方式（如级联、堆叠等）。

3. 网线铺设：根据网络覆盖范围和设备位置，合理铺设网线。注意网线的长度、材质和接口类型，确保数据传输的稳定性和速度。

（三）Wi—Fi 网络的软件配置与管理

在硬件安装完成后，需要进行软件的配置与管理，以确保网络的安全性和易用性。

1. 登录路由器管理界面：通过浏览器输入路由器的 IP 地址或域名，登录路由器的管理界面。输入默认的用户名和密码（或自行设置的用户名和密码）进行登录。

2. 设置无线网络：在管理界面中，设置无线网络的名称（SSID）、密码和安全模式等参数。建议使用 WPA3 或 WPA2-PSK 等安全加密方式，确保无线网络的安全性。

3.配置 DHCP 服务：启用路由器的 DHCP 服务，为连接到网络的设备自动分配 IP 地址和其他网络参数。这样可以方便设备的接入和管理。

4.设置端口转发和访问控制：根据实际需求，设置端口转发规则，允许特定设备或应用程序访问外部网络。同时，可以设置访问控制列表（ACL），限制或允许特定设备或 IP 地址访问网络。

5.监测和管理网络：利用路由器的管理界面，可以实时监测网络的状态、连接的设备以及带宽使用情况等。同时，可以对网络进行配置和优化，以提高网络的性能和稳定性。

（四）Wi—Fi 网络的优化与扩展

在 Wi—Fi 网络使用过程中，可能需要进行优化和扩展，以满足新的需求或提高网络的性能。

1.信号优化：通过调整路由器的位置、更换天线或增加信号放大器等方式，优化无线信号的覆盖范围和质量。同时，可以使用无线信号分析工具来检测和优化无线信道，减少信号干扰和冲突。

2.网络扩展：如果现有的 Wi—Fi 网络无法满足新的需求（如覆盖范围更广、用户数量更多等），可以考虑使用无线中继器、Wi—Fi Mesh 系统等设备进行网络扩展。这些设备可以与现有的路由器进行连接和配合工作，实现无线信号的覆盖和扩展。

3.软件升级：定期更新路由器的固件和软件版本，以获得更好的性能和安全性。同时，关注新的 Wi—Fi 协议和技术的发布情况，以便及时升级和更新网络设备。

通过以上四个方面的分析和操作，可以成功组建和配置一个稳定、高效、安全的 Wi—Fi 网络，满足用户的各种网络需求。

四、Wi—Fi 协议的安全性与优化

（一）Wi—Fi 协议的安全性

随着无线网络技术的普及，Wi—Fi 协议的安全性显得尤为重要。确保数据在传输过程中的安全性，保护用户的隐私不被泄露，是 Wi—Fi 协议设计的重要目标。

1.加密技术的使用：WPA2（Wi—Fi Protected Access II）是目前广泛使用的加密标准，它提供了 AES（Advanced Encryption Standard）加密算法，保证了数据传输的机密性。而最新的 WPA3 协议则进一步增强了安全性，通过 Simultaneous Authentication of Equals（SAE）协议提供了更高级的保护，使得每次身份验证生成完全唯一的密钥，防止了通过捕获的数据包进行超尺寸攻击。

2.身份认证机制：Wi—Fi 协议中的身份认证机制是确保网络安全的关键。WPA3 协议中的个人版和企业版都采用了基于密码的身份验证，但企业版还通过强制在所有连接上使用受保护的管理框架（PMF）扩展了安全功能，为敏感数据提供了更高级别的保护。

3.定期更新与漏洞管理：无线设备的复杂性和软件更新的滞后性可能导致系统漏洞，从而被黑客利用。因此，定期更新设备的固件和软件补丁，以及通过漏洞扫描来检测和修复潜在漏洞，是保障 Wi—Fi 协议安全性的重要措施。

（二）Wi—Fi 协议的安全性优化

除了使用上述安全措施外，还可以通过以下方法来优化 Wi—Fi 协议的安全性：

1.使用强密码：为Wi—Fi网络设置一个强密码，避免使用简单的密码或默认密码，可以有效防止密码被猜测或破解。

2.限制访问权限：通过MAC地址过滤、访问控制列表（ACL）等方式，限制只有特定的设备或用户才能访问Wi—Fi网络，降低被非法接入的风险。

3.隐藏网络名称（SSID）：隐藏Wi—Fi网络的名称（SSID），使得未经授权的用户无法搜索到该网络，从而减少了被攻击的可能性。

（三）Wi—Fi协议的性能优化

Wi—Fi协议的性能优化主要涉及提高网络传输速度、减少延迟和增强网络稳定性等方面。

1.信号强度和覆盖范围优化：通过优化无线路由器的位置、使用信号扩展器等方法，可以提高Wi—Fi信号的强度和覆盖范围，确保用户在任何位置都能获得稳定的网络连接。

2.频率选择和信道优化：在拥挤的无线网络环境中，选择合适的频率和信道可以减少干扰，提高网络性能。使用无线扫描工具来检测其他无线网络的信道占用情况，并避开拥挤的信道，是实现性能优化的关键。

3.带宽管理和优先级设置：根据不同的应用程序和用户需求，合理设置带宽分配和优先级策略，可以确保重要数据的传输质量和用户体验。

（四）Wi—Fi协议性能优化的实践建议

1.定期更新设备：随着技术的不断发展，新的Wi—Fi协议和设备不断涌现。定期更新设备，使用最新的Wi—Fi协议和技术，可以显著提高网络性能。

2.合理规划网络布局：在搭建Wi—Fi网络时，要合理规划无线设备的布局和间距，避免信号干扰和重叠，确保网络的稳定性和可靠性。

3.使用专业的网络管理工具：利用专业的网络管理工具来监测和管理 Wi—Fi 网络，可以及时发现并解决网络问题，提高网络的可用性和性能。

第三节　蓝牙技术与协议

一、蓝牙技术的基本原理

（一）蓝牙技术的概述

蓝牙技术是一种短距离无线通信技术，旨在实现不同设备之间的无线数据传输和通信。自 1994 年由瑞典爱立信公司首次提出并发展至今，蓝牙技术已成为连接各种移动设备、音频设备、智能家居设备等的核心技术之一。蓝牙技术以其低功耗、低成本、短距离传输等特性，广泛应用于各个领域。

（二）蓝牙技术的工作原理

蓝牙技术的工作原理主要包括以下几个步骤：

1.扫描设备：当设备启用蓝牙功能后，会自动扫描周围可用的其他蓝牙设备。这一过程通过设备之间发送的广播信号来实现，使得设备能够互相识别和连接。

2.建立连接：当蓝牙设备找到需要连接的目标设备后，会尝试建立连接。建立连接的过程包括配对、身份验证等步骤，确保设备之间的安全通信。一旦连接建立成功，设备之间就可以开始数据传输。

3.数据传输：在建立连接后，蓝牙设备之间可以进行数据传输。传输的数据类型包括音频、图像、文本等二进制数据。蓝牙技术采用跳频技术来降低信道冲突的可能性，确保数据传输的稳定性和可靠性。

4.断开连接：当数据传输完成后，蓝牙设备可以断开连接以节约能源。断开连接的过程简单快速，便于用户随时管理蓝牙设备的连接状态。

（三）蓝牙技术的关键特性

蓝牙技术具有以下几个关键特性：

1.低功耗：蓝牙技术使用的无线电波功率很低，有助于节约设备能源，使得电池更持久。这一特性使得蓝牙设备在移动设备和智能家居等领域具有广泛的应用前景。

2.短距离传输：蓝牙技术的通信距离一般不超过 10 米，适用于近距离的无线通信。这种短距离传输的特性使得蓝牙技术在个人设备之间的连接和通信中具有天然的优势。

3.低成本：蓝牙技术的系统成本相对较低，使得设备制造商能够以较低的成本实现蓝牙功能的集成。这有助于推动蓝牙技术的普及和应用。

4.安全性：蓝牙技术在连接过程中采用了配对和身份验证等安全措施，确保设备之间的安全通信。此外，蓝牙技术还采用了跳频技术来降低信道冲突的可能性，进一步提高数据传输的安全性。

（四）蓝牙技术的发展与演进

蓝牙技术自诞生以来经历了多个版本的迭代和发展。从最初的 1.0 版本到最新的 5.x 版本，蓝牙技术在传输速率、安全性、功耗等方面得到了显著提升。特别是低功耗蓝牙（BLE）技术的出现，进一步降低了蓝牙设备的功耗和成本，推动了蓝牙技术在物联网、智能家居等领域的广泛应用。此外，随着蓝牙技术的不断发展，未来的蓝牙技术将更加注重安全性、可靠性和易用性等方面的提升，以满足日益增长的市场需求。

二、蓝牙协议的版本与特性

（一）蓝牙协议版本概述

蓝牙协议自 1999 年首次发布以来，经历了多个版本的迭代和演进，每个版本都在传输速率、功耗、安全性、连接稳定性等方面进行了优化和升级。截至目前，蓝牙协议已经发展到了 5.x 版本，其中每个版本都有其独特的技术特性和应用场景。

1. 蓝牙 1.0 与 1.1 版本：这两个版本是蓝牙技术的早期版本，主要关注于基本的数据传输功能，传输速率较低（1Mbps），且功耗较高。它们主要用于手机、耳机等简单设备的连接和通信。

2. 蓝牙 2.0 与 2.1 版本：蓝牙 2.0 版本引入了增强型数据速率（EDR）技术，将传输速率提高到了 3Mbps，并支持更远的传输距离。蓝牙 2.1 版本则在 2.0 的基础上增加了安全性增强特性，如简化安全配对（SSP）和近场通信（NFC）支持，提高了蓝牙连接的安全性和便捷性。

（二）蓝牙 3.0 与 4.0 版本

1. 蓝牙 3.0 版本：蓝牙 3.0 版本引入了高速蓝牙（HS）技术，通过结合 Wi—Fi 技术，实现了高达 24Mbps 的传输速率。这一版本主要适用于需要大数据传输的场景，如高清影片传输等。

2. 蓝牙 4.0 版本：蓝牙 4.0 版本是蓝牙技术领域的一个重大突破，它引入了低功耗蓝牙（BLE）技术，使得蓝牙设备在保持较低功耗的同时，仍然能够实现数据传输和连接。这一版本在物联网（IoT）设备、健康监测器、智能家居等领域得到了广泛应用。

（三）蓝牙 4.1、4.2 与 5.0 版本

1. 蓝牙 4.1 版本：蓝牙 4.1 版本在 4.0 的基础上进行了优化，引入了优化连接建立过程、并行多点连接和更好的功耗管理等特性，进一步提升了蓝牙连接的稳定性和性能。

2. 蓝牙 4.2 版本：蓝牙 4.2 版本引入了更强的隐私保护机制，支持物联网设备更加安全地进行通信。此外，它还引入了 IPv6 支持，扩大了蓝牙连接的网络覆盖范围。

3. 蓝牙 5.0 版本：蓝牙 5.0 版本是蓝牙技术的一个重大升级，它引入了更远的覆盖范围（4 倍）、更高的传输速率（2 倍），以及更强大的广播能力。这一版本适用于智能家居、智能城市等大规模设备连接的场景，为物联网的发展提供了强有力的支持。

（四）蓝牙 5.1 与 5.2 版本

1. 蓝牙 5.1 版本：蓝牙 5.1 版本在 5.0 的基础上增加了方向性定位特性，使得设备能够更精准地定位其他设备的位置。这一特性适用于室内导航和定位服务，为人们的生活带来了更多便利。

2. 蓝牙 5.2 版本：蓝牙 5.2 版本则引入了音频增强特性，支持更高质量的音频传输。这一版本在无线耳机、音响设备等音频相关产品上得到了广泛应用，为用户带来了更好的听觉体验。

总的来说，蓝牙协议的版本演进体现了蓝牙技术在传输速率、功耗、安全性、连接稳定性等方面的不断优化和升级。随着物联网、智能家居等领域的快速发展，蓝牙技术将继续发挥重要的作用，为人们的生活带来更多便利。

三、蓝牙设备的连接与通信

（一）蓝牙设备连接的基本原理

蓝牙设备的连接基于蓝牙技术所建立的无线连接标准，实现智能设备之间的数据传输和通信。其基本原理涉及设备发现、配对、连接建立及数据传输等关键步骤。

1.设备发现：蓝牙设备在开启后，会发射广播信号，包含设备名称、MAC 地址等信息，以便其他设备搜索和识别。搜索设备时，主机会发送查询请求，从机在接收到请求后回复响应，完成设备发现过程。

2.配对：设备发现后，需要进行配对操作以建立安全连接。配对过程中，设备会交换配对码或进行其他形式的身份验证，确保只有经过授权的设备才能建立连接。

3.连接建立：配对成功后，设备之间会建立通信链路，包括物理链路和逻辑链路。物理链路负责实际的信号传输，而逻辑链路则负责数据的封装和解封装，以及错误检测和处理等任务。

4.数据传输：连接建立后，设备之间可以开始数据传输。蓝牙协议栈支持多种数据传输方式，如点对点、广播等。数据传输过程中，设备会根据需要选择合适的传输方式和参数，以确保数据的准确性和高效性。

（二）蓝牙设备连接的详细步骤

蓝牙设备连接的详细步骤包括：

1.开启蓝牙：在需要连接的设备上开启蓝牙功能，使其进入可被发现状态。

2.搜索设备：使用搜索功能查找周围可用的蓝牙设备，并列出搜索结果。

3. 选择设备：从搜索结果中选择需要连接的设备，并发起连接请求。

4. 输入配对码：根据设备提示输入配对码或进行其他形式的身份验证。

5. 等待连接：等待对方设备确认连接请求并建立连接。

6. 开始通信：连接建立后，设备之间可以开始数据传输和通信。

（三）蓝牙通信的协议栈及关键技术

蓝牙通信协议栈由多个层次组成，包括物理层、链路层、网络层、传输层和应用层等。每个层次都有其特定的功能和任务，共同支持蓝牙设备的连接和通信。关键技术包括：

1. 跳频技术：通过快速切换频率来降低干扰和提高通信质量。

2. 差错控制：通过检错和纠错机制确保数据传输的准确性。

3. 加密和安全性：使用加密算法和安全协议保护数据传输的安全性和隐私性。

4. 低功耗设计：通过优化硬件和软件设计降低设备的功耗，延长使用寿命。

（四）蓝牙连接与通信的优化策略

为了提高蓝牙设备的连接和通信性能，可以采取以下优化策略：

1. 选择适当的蓝牙版本：根据应用场景和需求选择合适的蓝牙版本，以获得更好的性能和支持更多的功能。

2. 优化设备配置：合理配置设备的参数和设置，如发射功率、接收灵敏度等，以提高连接质量和通信效率。

3. 减少干扰：避免在干扰较大的环境中使用蓝牙设备，或采取抗干扰措施，如使用滤波器、调整频率等。

4.使用高质量的设备：选择质量可靠、性能稳定的蓝牙设备，以确保连接的稳定性和通信的可靠性。

总的来说，蓝牙设备的连接与通信涉及多个层次和关键技术，通过合理配置和优化策略可以提高其性能和稳定性。在实际应用中，根据具体需求和场景选择合适的蓝牙设备和优化策略。

参考文献

[1] 倪显利. 计算机网络中协议和服务名称与英文注释 [J]. 华南金融电脑,2003（2）：97-98.

[2] 张兰芳, 年梅, 张书芳. 计算机网络"服务 + 协议"实验教学探索 [J]. 计算机系统应用,2014（6）：11-16.

[3] 刘碧微. 网络安全协议在计算机通信技术中的作用分析 [J]. 信息记录材料,2021（11）：77-78.

[4] 李成哲. 基于 HTTP 协议报文分析的计算机网络取证方法 [J]. 网络安全技术与应用,2019（3）：101-102.

[5] 洪浩. 网络安全协议在计算机通信技术中的作用与意义 [J]. 科技传播,2019（4）：164-165.

[6] 乔柳源. 计算机网络服务器的入侵和防御技术研究 [J]. 电脑知识与技术,2020（14）：70-71.

[7] 张婷婷. 计算机网络服务器的入侵与防御 [J]. 科技创新导报,2018（17）：130，132.

[8] 宋璐璐. 基于 HTTP 协议报文分析的计算机网络取证研究 [J]. 电子设计工程,2018（9）：37-40，45.

[9] 童玲. 一种基于 Internet 的移动计算机网络协议 [J]. 网络安全技术与应用,2016（12）：36，38.

[10] 刘彩梅.计算机网络协议中风险防范的思考[J].环球市场,2016(4)：38.

[11] 刘晓锋,崔宗星,米乔,马隆,郑婷.基于MQTT协议的天基网络监视服务设计与实现[J].现代计算机（专业版）,2018（14）：71-74.

[12] 魏晋,李慧,房明磊.适用网络的W态双服务器盲量子计算协议设计[J].计算机工程与应用,2019（6）：67-72.

[13] 陈继红.浅谈计算机网络服务的现状与发展趋势[J].数字技术与应用,2012（12）：172.

[14] 李明芳.计算机网络与MMS协议[J].船电技术,1998（3）：39-43.

[15] 林莉.Linux系统下的网络计算机服务器设计[J].电脑知识与技术,2016（31）：18-19.